建筑工程施工现场专业人员培训教材

安　全　员

徐学军　主编

孙其珩　朱跃斌　副主编

中国环境科学出版社 · 北京

图书在版编目（CIP）数据

安全员/徐学军主编. —北京：中国环境科学出版社，2011

建筑工程施工现场专业人员培训教材

ISBN 978-7-5111-0467-0

Ⅰ. ①安… Ⅱ. ①徐… Ⅲ. ①建筑工程—工程施工—安全技术—技术培训—教材 Ⅳ. ①TU714

中国版本图书馆 CIP 数据核字（2011）第 005691 号

责任编辑 张于嫣
责任校对 扣志红
封面设计 中通世奥

出版发行 中国环境科学出版社
（100062 北京东城区广渠门内大街 16 号）
网　　址：http://www.cesp.com.cn
联系电话：010-67150545（建筑图书出版中心）
发行热线：010-67125803，010-67113405（传真）

印　　刷 北京市联华印刷厂
经　　销 各地新华书店
版　　次 2011 年 3 月第 1 版
印　　次 2011 年 3 月第 1 次印刷
开　　本 787×1092 1/16
印　　张 11.75
字　　数 265 千字
定　　价 30.00 元

编 委 会

主编的话

行业兴旺，人才为本；人才培养，教育为本。这套丛书根据《建筑工程施工现场专业人员职业标准》，以加强建筑工程施工现场专业人员队伍建设为目的，指导专业人员教育培训，提高专业人员职业素质、专业知识和专业技能，促进和完善施工组织管理，确保建筑工程施工质量和生产安全。

本丛书特色鲜明，注重建筑工程专业技能、专业知识的讲解；注重理论与实际的结合。丛书以现行国家工程建设有关技术规范和标准为依据，结合工程应用的实际，将规范、标准要求具体化、系统化，使理论与实践有机地融为一体。丛书强调解决建筑工程的实际问题，内容深入浅出、图文并茂、通俗易懂，适用性强。相信并希望本丛书对促进建筑行业人才培养，促进行业健康发展起到积极的作用。

徐学军

2010 年 12 月

前 言

改革开放以来，随着我国建筑业的迅速发展，建设规模日益扩大，建筑施工队伍不断增加，对建筑工程施工现场各专业人员的要求越来越高。为此，住房和城乡建设部经过广泛深入的调查研究，分析和总结了我国建筑业 20 世纪 90 年代实施的岗位培训工作及国外建设行业职业标准编制的经验，并结合当前我国建筑施工现场专业人员人才开发的实践经验，在广泛征求意见的基础上，制定了《建筑工程施工现场专业人员职业标准》(以下简称《新标准》)。《新标准》中规定了建筑施工现场专业人员工作职责、专业技能、专业知识，以及组织职业能力评价的基本要求，以加强建筑工程施工现场专业人员队伍建设，规范专业人员的职业能力评价，指导专业人员的使用与教育培训，提高其职业素质、专业知识和专业技能，促进完善施工组织管理，确保施工质量和安全生产。

《新标准》的推出，要求我们必须紧跟形势的变化而变化，为了确保广大建筑施工企业、高等学校、职业院校及培训机构工作的开展，以应对新时期的新要求，积极配合相关单位做好培训工作，编委会依据《新标准》推出一套新培训教材。初期编写出 8 本教材——《施工员》、《质量员》、《安全员》、《标准员》、《材料员》、《资料员》、《机械员》、《劳务员》。

在编写过程中，考虑到建筑工程施工现场专业人员的培训目标，本套教材在内容编写方面具有如下特色：注重专业技能、专业知识的讲解；注重理论与实际案例相结合，以现行国家工程建设有关技术规范和标准为依据，结合工程应用的实际，将规范、标准要求具体化、系统化，使理论与实践有机地融为一体，强调解决建筑工程的实际问题，弥补现有建筑工程施工现场专业人员各培训教材唯注重理论的缺陷；编者始终遵循规范化和适用的原则，力求做到深入浅出、图文并茂、通俗易懂；此外每本书后配以练习题，便于学员练习使用。

本套教材编写过程中得到了中国环境科学出版社的大力支持，在此一并致谢！由于编者的经验和水平有限，加之编写时间仓促，书中难免有疏漏和错误之处，恳请各方面的专家和读者批评指正，以便今后修订再版。

编委会

2010 年 12 月

目　录

第一章　建筑工程安全生产管理概论

第一节　建筑业企业安全管理责任制度

安全生产责任制是根据“管生产必须管安全”、“安全生产、人人有责”的原则，明确规定各级领导、各职能部门、岗位、各工种人员在生产活动中应负的安全责任的管理制度。本节主要介绍建筑施工现场安全生产的基本要求，勘察、设计、工程监理以及施工等有关单位的安全责任制度。

一、勘察、设计、工程监理等有关单位安全责任

（1）勘察单位的注册资本、专业技术人员、技术装备和业绩应当符合规定，取得相应等级资质证书后，在许可范围内从事勘察活动。勘察单位应当按照法律、法规和工程建设强制性标准进行勘察，提供的勘察文件应当真实、准确，以满足建设工程安全生产的需要。

勘察单位在勘察作业时，应当严格执行操作规程，采取措施保证各类管线、设施和周边建筑物、构筑物的安全。

（2）设计单位必须取得相应的等级资质证书，在许可范围内承揽设计业务。设计单位应当按照法律、法规和工程建设强制性标准进行设计，防止因设计不合理导致生产安全事故的发生。

设计单位应考虑施工安全操作和防护的需要，对涉及施工安全的重点部位和环节在设计文件中注明，并对防止生产安全事故的发生提出指导意见。采用新结构、新材料、新工艺的建设工程和特殊结构的建设工程，设计单位应当在设计中提出保障施工作业人员安全和预防生产安全事故的措施建议。

（3）工程监理单位应当审查施工组织设计中的安全技术措施或者专项施工方案是否符合工程建设强制性标准。

工程监理单位在实施监理过程中，发现存在安全事故隐患的，应当要求施工单位整改；情况严重的，应当要求施工单位暂时停止施工，并及时报告建设单位。施工单位拒不整改或者不停止施工的，工程监理单位应当及时向有关主管部门报告。

工程监理单位和监理工程师应当按照法律、法规和工程建设强制性标准实施监理，并对建设工程安全生产承担监理责任。

（4）为建设工程提供机械设备和配件的单位，应当按照安全施工的要求配备齐全有效的保险、限位等安全设施和装置。

1）向施工单位提供安全可靠的起重机、挖掘机械、土方铲运机械、凿岩机械、基础

及凿井机械、钢筋、混凝土机械、筑路机械以及其他施工机械设备。

2）应当依照国家有关法律法规和安全技术规范进行有关机械设备和配件的生产经营活动。

3）机械设备和配件的生产制造单位应当严格按照国家标准进行生产，保证产品的质量和安全。

（5）出租的机械设备和施工机具及配件，应当具有生产（制造）许可证、产品合格证。

出租单位应当对出租的机械设备和施工机具及配件的安全性能进行检测，在签订租赁协议时，应当出具检测合格证明。禁止出租检测不合格的机械设备和施工机具及配件。

（6）在施工现场安装、拆卸施工起重机械和整体提升脚手架、模板等自升式架设设施，必须由具有相应资质的单位承担。其单位在施工中应当编制拆装方案、制定安全施工措施，并由专业技术人员现场监督。

施工起重机械和整体提升脚手架、模板等自升式架设设施安装完毕后，安装单位应当自检，出具自检合格证明，并向施工单位进行安全使用说明，办理验收手续并签字。

（7）施工起重机械和整体提升脚手架、模板等自升式架设设施的使用达到国家规定的检验检测期限的，必须经具有专业资质的检验检测机构检测。经检测不合格的不得继续使用，并应当出具安全合格证明文件，并对检测结果负责。

二、施工单位的安全责任

（1）施工单位从事建设工程的新建、扩建、改建和拆除等活动，应当具备国家规定的注册资本、专业技术人员、技术装备和安全生产等条件，并在其资质等级许可的范围内承揽工程。

（2）施工单位的项目负责人应当由取得相应执业资格的人员担任，依法对本单位的安全生产工作全面负责。施工单位应当建立健全安全生产责任制度和安全生产教育培训制度，制定安全生产规章制度和操作规程，保证本单位安全生产条件所需资金的投入，对所承担的建设工程进行定期和专项安全检查，并做好安全检查记录。

（3）施工单位对列入建设工程概算的安全作业环境及安全施工措施所需费用，必须用于施工安全防护用具及设施的采购和更新、安全施工措施的落实、安全生产条件的改善，不得挪作他用。

（4）施工单位应当设立安全生产管理机构，配备专职安全生产管理人员。

专职安全生产管理人员配备办法由国务院建设行政主管部门会同国务院其他有关部门制定，其负责对安全生产进行现场监督检查。发现安全事故隐患，应当及时向项目负责人和安全生产管理机构报告；对违章指挥、违章操作的，应当立即制止。

（5）建设工程实行施工总承包的，由总承包单位对施工现场的安全生产负总责。

总承包单位应当自行完成建设工程主体结构的施工，依法将建设工程分包给其他单位的，分包合同中应当明确各自的安全生产方面的权利、义务。总承包单位和分包单位对分包工程的安全生产承担连带责任。

分包单位应当服从总承包单位的安全生产管理，分包单位不服从管理导致生产安全事故的，由分包单位承担主要责任。

（6）特种作业人员包括垂直运输机械作业人员、安装拆卸工、爆破作业人员、起重信号工、登高架设作业人员等，必须按照国家有关规定经过专门的安全作业培训，并在取得特种作业操作资格证书后，方可上岗作业。

（7）施工单位应当在施工组织设计中编制安全技术措施和施工现场临时用电方案，对达到一定规模的危险性较大的分部分项工程编制专项施工方案，并附具安全验算结果，经施工单位技术负责人、总监理工程师签字后实施，由专业安全生产管理人员进行现场监督。

（8）建设工程施工前，施工单位负责项目管理的技术人员应当对有关安全施工的技术要求向施工作业班组、作业人员进行详细说明，并由双方签字确认。

（9）施工单位应当在施工现场入口、施工起重机械、临时用电设施、脚手架、出入通道口、楼梯口、电梯井口、孔洞口、桥梁口、隧道口、基坑边沿、爆破物及有害危险气体和液体存放处等危险部位，设置明显的安全警示标志。其安全警示标志必须符合国家标准。

施工单位应当根据不同施工阶段和周围环境以及季节、气候的变化，在施工现场采取相应的安全施工措施。施工现场暂时停止施工的，施工单位应当做好现场防护，所需要的费用由责任方承担，或者按照合同约定执行。

（10）施工单位应当将施工现场的办公、生活区与作业区分开设置，并保持安全距离；施工现场临时搭建的建筑物应当符合安全使用要求。施工现场使用的装配式活动房屋应当具有产品合格证，施工单位不得在尚未竣工的建筑物内设置员工集体宿舍。

（11）施工单位应当遵守有关环境保护法律、法规的规定，在施工现场采取措施，防止或者减少粉尘、废气、废水、固体废物、噪声、振动和施工照明对人和环境的危害和污染。

在城市市区内的建设工程，施工单位应当对施工现场实行封闭围挡。

（12）施工单位应当在施工现场建立消防安全责任制度，确定消防安全责任人，制定用火、用电、使用易燃易爆材料等各项消防安全管理制度和操作规程，设置消防通道、消防水源，配备消防设施和灭火器材。

（13）作业人员有权对施工现场的作业条件、作业程序和作业方式中存在的安全问题提出批评、检举和控告，有权拒绝违章指挥和强令冒险作业。

施工单位应当向作业人员提供安全防护用具和安全防护服装，并书面告知危险岗位的操作规程和违章操作的危害。

在施工中发生危及人身安全的紧急情况时，作业人员有权立即停止作业或者在采取必要的应急措施后撤离危险区域。

（14）作业人员应当遵守安全施工的强制性标准、规章制度和操作规程，正确使用机械设备、安全防护用具等。

（15）施工单位采购、租赁的安全防护用具、机械设备、施工机具以及配件，应当具有生产（制造）许可证、产品合格证，并在进入施工现场前进行查验。

施工现场的安全防护用具、机械设备、施工机具及配件必须由专人管理，定期进行检查、维修和保养，建立相应的资料档案，并按照国家相关规定及时报废。

（16）施工单位在使用施工起重机械和整体提升脚手架、模板等自升式架设设施前，应当组织有关单位进行验收，也可以委托具有相应资质的检验检测机构进行验收；使用承租的机械设备和施工机具及配件的，由施工总承包单位、分包单位、出租单位和安装单位共同进行验收，验收合格的方可使用。

（17）施工单位的主要负责人、项目负责人、专职安全生产管理人员应当经建设行政主管部门或者其他有关部门考核合格后方可任职。每年至少进行一次安全生产教育培训，其教育培训情况记入个人工作档案。安全生产教育培训考核不合格的人员，不得上岗。

（18）作业人员进入新的岗位或者新的施工现场前，应当接受安全生产教育培训。未经教育培训或者教育培训考核不合格的人员，不得上岗作业。

施工单位在采用新技术、新工艺、新设备、新材料时，应当对作业人员进行相应的安全生产教育培训。

（19）施工单位应当为在施工现场从事危险作业的人员办理意外伤害保险。

意外伤害保险费由施工单位支付。意外伤害保险期限自建设工程开工之日起至竣工验收合格为止。

三、安全生产管理目标

安全目标管理是指企业在某一时期内制定出旨在保证生产过程中员工的安全和健康的目标，或为达到这一目标，进行的计划、组织、指挥、协调控制等一系列工作的总称。

推行安全生产目标管理不仅能进一步优化企业安全生产责任制，强化安全生产管理，体现“安全生产、人人有责”的原则，使安全生产工作实现全员管理，而且有利于提高企业全体员工的安全。

（1）安全生产目标管理的任务是确定奋斗目标，明确责任，落实措施，实行严格的考核与奖惩，以激励企业员工积极参与全员、全方位、全过程的安全生产管理，严格按照安全生产的奋斗目标和安全生产责任制的要求，落实安全措施，消除人或物的不安全状态。

（2）项目要制订安全生产目标管理计划，经项目分管领导审查同意，由主管部门与实行安全生产目标管理的单位签订责任书，将安全生产目标管理纳入各单位的生产经营或资产经营目标管理计划，主要领导人应对安全生产目标管理计划的制订与实施负第一责任。

（3）安全生产目标管理的基本内容包括目标体系的确立，目标的实施及目标成果的检查与考核。主要包括以下几方面。

1）确定切实可行的目标值，确定合适的目标值，并研究围绕达到目标应采取的措施和手段。

2）根据安全目标的要求，制定实施办法，做到有具体的保证措施，力求量化，以便于实施和考核，包括组织技术措施，明确完成程序和时间、承担具体责任的负责人，并签订承诺书。

3）规定具体的考核标准和奖惩办法，考核标准不仅应规定目标值，而且要把目标值分解为若干具体要求来考核。

4）安全生产目标管理必须与安全生产责任制挂钩。层层分解，逐级负责，充分调动各级组织和全体员工的积极性，保证安全生产管理目标的实现。

5）安全生产目标管理必须与企业生产经营资产承包责任制挂钩，实行经营管理者任期目标责任制、租赁制和各种经营承包责任制的单位负责人，应把安全生产目标管理实现与他们的经济收入和荣誉挂起钩来，严格考核兑现奖罚。

（4）安全生产管理目标

1）“六杜绝”：杜绝重伤及死亡事故、杜绝坍塌伤害事故、杜绝物体打击事故、杜绝高处坠落事故、杜绝机械伤害事故、杜绝触电事故。

2）“三消灭”：消灭违章指挥、消灭违章作业、消灭“惯性事故”。

3）“二控制”：控制年负伤率、控制年安全事故率。

4）“一创建”：创建安全文明示范工地。

第二节　安全员的岗位职责、素质要求和工作内容

安全员，顾名思义，就是负责安全防范的人，其职位的重要性毋庸置疑。安全员从事的工作不仅仅是保证安全生产的顺利进行，更重要的是保护现场施工人员的生命安全，任何工作上的失职、疏忽和失误，都有可能导致重大安全事故的发生，所以安全员在上岗前要熟悉安全员的岗位职责、素质要求和工作内容。

一、安全员的岗位职责

（1）认真贯彻执行《中华人民共和国安全生产法》（以下简称《安全生产法》）、《中华人民共和国建筑法》（以下简称《建筑法》）和有关的建筑工程安全生产法令、法规，坚持“安全第一、预防为主、综合治理”的安全生产基本方针，在职权范围内对各项安全生产规章制度的落实，以及环境及安全施工措施费用的合理使用进行组织、指导、督促、监督和检查。

（2）参与制定施工项目的安全管理目标，认真进行日常安全管理，掌握安全动态，并做好记录，健全各种安全管理台账，当好项目经理安全生产方面的助手。

（3）参与施工安全技术方案的编制和审查，参与安全防护设施、施工用电、特种设备以及施工机械的验收工作。

（4）指导班组开展安全活动，提供安全技术咨询。对施工班组的安全技术交底进行检查和监督。

（5）安全员应参与对分包单位的安全技术交底，并对分包单位的安全生产情况进行监督和检查。

（6）配合有关部门做好对施工人员的各类安全教育和特殊工种培训取证工作，并做好记录。

（7）协助项目负责人组织定期及季节性安全检查。经常巡视施工现场，制止违章作业。对发现的施工现场安全隐患，及时签发整改通知单，应参与制定纠正和预防措施，并对其实施进行跟踪验证。

（8）检查劳动防护用品的质量和使用情况，会同有关部门做好防尘、防毒、防暑降温和女工保护工作，预防职业病。

（9）具体负责施工现场的文明施工管理，注重施工现场的环境保护，控制施工现场的各种粉尘、废气、废水、固体废弃物以及噪声、振动对环境的污染和危害，抓好工地、食堂、宿舍和厕所的卫生管理工作。

（10）参与安全事故的调查和处理。参与或协助组织施工现场应急预案的演练，熟悉应急救援的组织、程序、措施及协调工作。

（11）有权制止违章作业，有权抵制并向有关部门举报违章指挥行为。

（12）负责事故的组织，组织、指导施工现场的安全救护，参与一般事故的调查、分析，提出处理意见，协助处理重大工伤事故、机械事故。

二、安全员的素质要求

安全是施工生产的基础，是企业取得效益的保证。一个合格的安全员应当具备以下素质。

1. 正确的政治思想方向

安全管理是一门政策性很强的管理学科，这就要求安全员应具有高度的政治责任感，认真贯彻执行国家的安全生产方针、政策、法律、法规和各项生产规章制度，始终把安全工作摆在各项工作的首位，坚决贯彻执行“安全第一、预防为主、综合治理”的方针，严格履行安全检查监督职责，维护国家和人民生命财产安全，坚决抵制任何违反安全管理的违章、违纪行为。没有坚定正确的政治思想方向，就不可能把国家和人民的生命财产看得重于一切，也不会有与违法、违章、违纪行为作斗争的决心和勇气。安全员应具有高尚的职业道德。职业道德是人们从事社会职业、履行职责时思想和行为应遵守的道德规范。

2. 良好的业务素质

安全管理又是一门技术性很强的管理学科，过硬的业务能力是安全员应具有的必备素质。安全员必须不断地学习，丰富自身的安全知识，提高安全技能，增强安全意识。一个合格的安全员应具备如下知识。

（1）国家有关安全生产的法律、法规、政策及有关安全生产的规章、规程、规范和标准知识。

（2）安全生产管理知识、安全生产技术知识、劳动卫生知识和安全文化知识。还要了解本企业生产或施工专业知识。

（3）劳动保护与工伤保险的法律、法规知识；掌握伤亡事故和职业病统计、报告及调查处理方法。更进一步，还要学习事故现场勘验技术，应急处理、应急救援预案编制方法。

（4）学习先进的安全生产管理经验、心理学、人际关系学、行为科学等知识。

（5）良好的业务素质还要求安全员必须有一定的文字写作能力，企业安全管理离不开文字材料的编写，现代安全管理还离不开计算机应用能力。

3. 健康的身体素质

安全工作是一项既要腿勤又要脑勤的管理工作。无论是晴空万里，还是风雨交加；无论是寒风凛冽，还是烈日炎炎；无论是正常上班，还是放假休息。只要有人上班，安全员就得工作，检查事故隐患，处理违章现象。显然，没有良好的身体素质就无法干好安全工作。

4．良好的心理素质

良好的心理素质包括意志、气质、性格三个方面。

安全员在管理中时常会遇到很多困难，比如说，对职工安全违纪苦口婆心的教导，职工却毫不理解；发现隐患几经“开导”仍不进行处理；事故调查“你遮我掩”。面对众多的困难和挫折不畏难，不退缩，不赌气撂挑子，这需要坚强的意志，安全员必须在工作中不断地进行磨炼。

安全员必须具有豁达的性格，工作中做到巧而不滑、智而不奸、踏实肯干、勤劳愿干。安全工作是原则性很强的工作，是管人的工作，总有那么一些人会不服管，不理解安全工作，会发生各种各样的矛盾冲突、争执，甚至受到辱骂、指责、诬告、陷害等不公平事件。因此，安全员应当具有豁达和坚定的性格，时刻激励自己保持高昂的工作风貌。

5．正确应对“突发事件”的素质

建筑施工安全生产形势千变万化，即使安全管理再严格，手段再到位，网络再健全，都有不可预测的风险。作为基层安全员，必须做到反应敏捷。不论在何时、何地，遇到何人，事故发生后都应迅速反应，及时处理，把各种损失降到最低限度。目前，因事故处理不及时、不果断而造成人员伤亡、设备损坏，或是扩大事故后果的教训时有发生。因此，安全员必须具备突发事件发生时临危不乱的应急处理素质。

三、安全员的工作内容

1．增强事业心，做到尽职尽责

安全员的职责是保护职工的生命安全和生产积极性，安全检查人员要做到尽职尽责，经常深入工地发现问题、解决问题。

2．努力钻研业务技术，做到精通本行专业

安全检查员要适应生产的发展需要，抓住建筑施工的特点，掌握其基本知识，精通本行专业，才能真正起到检查督促的作用。为此，首先要熟悉国家的有关安全规程、法规和管理制度；也要熟悉施工工艺和操作方法；要具有本专业的统计、计划报表的编制和分析整理能力；要具有管理基层安全工作的能力和经验；要具有根据过去经验或教训以及现存的主要问题，总结一般事故发生规律的能力等，这些是做好安全工作的基础。

3．加强预见性，将事故消灭在发生之前

“安全第一，预防为主”的方针，是搞好安全工作的准则，也是搞好安全检查的关键。国家颁发的劳动安全法则，上级制定的安全规程、制度和办法，都是为了贯彻预防为主的方针，只要认真贯彻，就会收到好的效果。

（1）要有正确的学习态度。就是要从思想上认识到，学习是搞好工作的保证。从学习方法上，要理论联系实际，善于总结经验教训。从学科上讲，不仅要学习土建施工安全技术，还要学习电气、起重、压力容器、机械等的安全技术，不断提高技术素质。

（2）要有积极的思想。要发挥主观能动作用，在施工前有预见性的提出问题、办法，订出措施，做好施工前的准备。

（3）要有踏实的作风。就是要深入现场掌握情况，准确地发现问题，做到心中有数。

（4）要有正确的方法。就是既要能提出问题，又要善于依靠群众和领导，帮助施工人员解决问题。要求安全检查人员，既要熟悉安全生产方针政策、法令、安全的基本知识和管理的各项制度，又要熟悉生产流程，操作方法。要掌握分管专业安全方面的原始记录、报表和必要的历史资料，才能做好分析整理工作。

4．做到依靠领导

一个安全员要做好安全工作，必须依靠领导的支持和帮助，要经常向领导请示、汇报安全生产情况，真正当好领导的参谋，成为领导在安全生产上的得力助手。安全工作中如遇不能处理和解决的问题，对安全工作影响极大，要及时汇报，依靠领导出面解决；安全员组织广大职工群众参观学习安全生产方面的展览、活动等，都必须取得领导的支持。

5．做到走群众路线

“安全生产、人人有责”，劳动保护工作是广大职工的事业，只有动员群众，依靠群众走群众路线，才能管好。要使广大群众充分认识到安全生产的政治意义与经济意义以及与个人切身利益的关系，启发群众自觉贯彻执行安全生产规章制度。除向职工进行宣传教育外，还要发动群众参加安全管理，定期开展安全检查和无事故竞赛，推动安全生产工作的开展。

6．做到认真调查分析事故

工人职工伤亡事故的调查、登记、统计和报告，是研究生产中工伤事故的原因、规律和制定对策的依据。因此，对发生任何大小事故以及未遂事故，都应认真调查、分析原因、吸取教训，从而找出事故规律，订出防护措施。安全员应掌握事故发生前后的每一细微情况，以及事故的全过程，全面研究、综合分析论证，才能找出事故真正原因，从中吸取教训。

四、安全员的职业道德

职业道德是人们在职业活动中形成的并应遵守的道德准则和行为规范，是一般社会道德在特定职业岗位上的具体化，是从业人员职业思想、职业技能、职业责任和职业纪律的综合反映。安全管理不仅要管理好设备的安全，环境的安全，更重要的是人身的安全，高尚的职业道德是对安全员的基本要求。因此，“爱岗敬业、诚实守信、办事公道、服务群众、奉献社会”的一般职业道德规范具体到安全员岗位，有以下表现。

（1）树立安全第一和预防为主的高度责任感，本着“对上级负责、对职工负责、对自己负责”的态度做好每一项工作，为抓好安全生产工作尽职尽责；要有良好的政治素质，在工作中坚持正确的安全工作方向，在重大原则问题上要旗帜鲜明，服从和服务于安全生产大局。

（2）要有严明的组织纪律，安全员要成为遵守纪律的模范。遵章守纪，增强组织纪律观念，自觉执行各项安全规章制度，保证安全工作正常有序地进行。

（3）实事求是，作风严谨，不弄虚作假，不姑息任何事故隐患的存在。

（4）坚持原则，办事公正，讲究工作方法，严肃对待违章、违纪行为。

（5）胸怀宽阔，不怕讽刺中伤，不怕打击报复，不因个人好恶影响工作。

（6）按规定接受继续教育，充实、更新知识，提高职业能力。

（7）不允许他人以本人名义随意签字、盖章。

第三节　施工现场管理与文明施工

施工现场的管理与文明施工是安全生产的重要组成部分。文明施工是现代化施工的一个重要标志，是施工企业的一项基础性管理工作。为保障施工现场作业人员的身体健康和生命安全，改善作业人员的工作环境与生活条件，保护生态环境，防治施工过程对环境造成污染和各类疾病的发生，建设部颁布了《建筑施工现场环境与卫生标准》（JGJ 146—2004），对施工现场管理工作做了明确规定。本文主要介绍了施工现场安全色标、环境与卫生管理，以及文明施工的基本要求与工作内容。

一、施工现场安全色标管理

1. 安全色

安全色是表达信息含义的颜色，用来表示禁止、警告、指令、指示等，其作用在于使人们能迅速发现或分辨职业健康安全标志，提醒人们注意，预防事故发生。

红色表示禁止、停止、消防和危险的意思；蓝色表示指令，必须遵守的规定；黄色表示通行、安全和提供信息的意思。

职业健康安全标志是指在操作人员容易产生错误，有造成事故危险的场所，为了确保职业健康安全所采取的一种标示。此标示由安全色、几何图形符号构成，是用以表达特定职业健康安全信息的特殊标示，设置职业健康安全标志的目的，是为了引起人们对不安全因素的注意。

（1）禁止标志，是不准或制止人们的某种行为。

（2）警告标志，是使人们注意可能发生的危险。

（3）指令标志，是告诉人们必须遵守的意思。

（4）提示标志，是向人们提示目标的方向，用于消防提示。

2. 项目现场安全色标数量及位置

项目现场安全色标数量及位置见表 1-1。

表 1-1　项目现场安全色标分布表

类别		数量/个	位置
禁止类（红色）	禁止吸烟	8	材料库房、成品库、油料堆放处、易燃易爆堆放场所、材料场地、木工棚、施工现场、打字复印室
	禁止通行	7	外架拆除，坑、沟、洞、槽、吊钩下方，危险部位
	禁止攀登	6	外用电梯出口、通道口、马道出入口
	禁止跨越	6	首层外架四面、栏杆、未验收的外架
指令类（蓝色）	必须戴安全帽	7	外用电梯出入口、现场大门口、吊钩下方、危险部位、马道出入口、通道口、上下交叉作业
	必须系安全带	5	现场大门口、马道出入口、外用电梯出入口、高处作业场所、特种作业场所

类别		数量/个	位置
指令类（蓝色）	必须穿防护衣	5	通道口、马道出入口、外用电梯出入口、电焊作业场所、油漆防水施工场所
	必须戴防护眼镜	12	通道口、马道出入口、外用电梯出入口、通道出入口、车工操作间、焊工操作场所、抹灰操作场所、机械喷漆场所、修理间、电镀车间、钢筋加工场所
警告类（黄色）	当心弧光	1	焊工操作场所
	当心塌方	2	坑下作业场所、土方开挖
	机械伤人	6	机械操作场所、电锯、电钻、电刨、钢筋加工现场、机械修理场所
提示类（绿色）	安全状态通行	5	安全通道、行人车辆通道、外架施工层防护、人行通道、防护棚

二、施工现场环境与卫生管理

1. 一般规定

（1）施工现场的施工区域应与办公区、生活区划分清晰，并应采取相应的隔离措施。

（2）施工现场必须采用封闭围挡，高度不得小于 1.8 m。

（3）施工现场出入口应标有企业名称或企业标识。施工现场主要进口处应有整齐明显的“五牌一图”。“五牌”：工程概况牌、管理人员名单及监督电话牌、消防保卫牌、安全生产牌、文明施工牌；“一图”：施工现场总平面图。

（4）施工现场的临时用房应选址合理，并应符合安全、消防要求和国家有关规定。

（5）在工程的施工组织设计中应有针对地制定、采取防治大气、水土、噪声污染和改善环境卫生的有效措施。

（6）施工企业应采取有效的职业病防护措施，为作业人员提供必备的防护用品，并应定期进行体检和培训。

（7）施工企业应结合季节特点，做好作业人员的饮食卫生和防暑降温、防寒保暖、防煤气中毒、防疫等工作。

（8）施工现场必须建立环境保护、环境卫生管理和检查制度，并做好检查记录。

（9）对施工现场作业人员的教育培训、考核应包括环境保护、环境卫生等有关法律、法规的内容。

（10）施工企业应根据有关法律、法规的规定，制定施工现场的公共卫生突发事件应急预案。

2. 环境保护

（1）防治大气污染：

1）施工现场的主要道路必须进行硬化处理，土方应集中堆放。裸露的场地和集中堆放的土方应采取覆盖、固化或绿化等措施。

2）拆除建筑物、构筑物时，应采用洒水、隔离等措施，并应在规定期限内将废弃物清理完毕。

3）施工现场土方作业应采取防止扬尘措施。

4）从事土方、渣土和施工垃圾运输应采用密闭式运输车辆或采取覆盖措施；施工现场出入口处应采取保证车辆清洁的措施。

5）施工现场的材料和大模板等存放场地必须平整坚实。水泥和其他易飞扬的细颗粒建筑材料应密闭存放或采取覆盖等措施。施工道路由调度经理安排每日定时洒水，避免或减少施工现场扬尘。

6）施工现场混凝土搅拌场所应采取封闭、降尘措施。

7）建筑物内施工垃圾的清运，必须采用相应容器或管道运输，严禁凌空抛掷。

8）施工现场应设置密闭式垃圾站，施工垃圾、生活垃圾应分类存放，并应及时清运出场。

9）城区、旅游景点、疗养区、重点文物保护地及人口密集区的施工现场应使用环保能源。

10）施工现场的机械设备、车辆的尾气排放应符合国家环保排放标准的要求。

11）除设有符合规定的装置外，禁止在施工现场焚烧各类废弃物。

（2）防治水土污染：

1）施工现场应设置排水沟及沉淀池，施工污水经沉淀后方可排入市政污水管网或河流。

2）施工现场存放的油料和化学溶剂等物品应设有专门的库房，地面应做防渗漏处理。废弃的油料和化学溶剂应集中处理，不得随意倾倒。

3）食堂应设置隔油池，并应及时清理。

4）厕所的化粪池应做抗渗处理。

5）食堂、淋浴间的下水管线应设置过滤网，并应与市政污水管线连接，保证排水通畅。

（3）防治施工噪声污染：

1）施工现场应按照现行国家标准《建筑施工场界噪声限值》（GB 12523—1990）制定降噪措施，并可由施工企业自行对施工现场的噪声值进行监测和记录。

2）施工现场的强噪声设备宜设置在远离居民区的一侧，并应采取降低噪声措施。

3）对因生产工艺要求或其他特殊需要，确需在夜间进行超过噪声标准施工的，施工前建设单位应向有关部门提出申请，经批准后方可进行夜间施工。

4）运输材料的车辆进入施工现场，禁止鸣笛，装卸材料应做到轻拿轻放。

5）施工人员配备必要的如耳塞、面罩等防护用品，也可轮岗，减少接触超标噪声的时间。

3．环境卫生

（1）临时设施：

1）施工现场应设置办公室、宿舍、食堂、厕所、淋浴间、开水房、文体活动室、密闭式垃圾站（或容器）及盥洗设施等临时设施。临时设施所用建筑材料应符合环保、消防要求。

2）办公区和生活区应设密闭式垃圾容器。

3）办公室内要布局合理，文件资料归类存放，并应保持室内清洁卫生。

4）施工现场应配备常用药及绷带、止血带、颈托、担架等急救器材。

5）宿舍内应保证有必要的生活空间，室内净高不得小于 2.4 m，通道宽度不得小于

0.9 m，每间宿舍居住人员不得超过 16 人。

6）施工现场宿舍必须设置可开启式窗户，宿舍内的床铺不得超过 2 层，不得使用通铺。

7）宿舍内应设置生活用品专柜，有条件的宿舍宜设置生活用品储藏室。

8）宿舍内应设置垃圾桶，宿舍外宜设置鞋柜或鞋架，生活区内应提供为作业人员晾晒衣物的场地。

9）食堂应设置在远离厕所、垃圾站、有毒有害场所等污染源的地方。

10）食堂应设置独立的制作间、储藏间，门扇下方应设不低于 0.2 m 的防鼠挡板。粮食存放台距墙和地面应大于 0.2 m。

11）食堂应配备必要的排风设施和冷藏设施。

12）食堂的燃气罐应单独设置在存放间，存放间应通风良好并严禁存放其他物品。

13）食堂制作间的炊具宜存放在封闭的橱柜内，食品应有遮盖，遮盖物品应有正反面标识。各种佐料和副食应存放在密闭器皿内，并应有标识。食堂外应设置密闭式泔水桶，并应及时清运。

14）施工现场应设置水冲式或移动式厕所，门窗应齐全。蹲位之间宜设置隔板，隔板高度不宜低于 0.9 m。

15）厕所大小应根据作业人员的数量设置。高层建筑施工超过 8 层后，每隔四层宜设置临时厕所。厕所应设专人负责清扫、消毒，化粪池应及时清掏。

16）淋浴间内应设置满足需要的淋浴喷头，可设置储衣柜或挂衣架。

17）盥洗设施应设置满足作业人员使用的盥洗池，并应使用节水龙头。

18）生活区应设置开水炉、电热水器或饮用水保温桶；施工区应配备流动保温水桶。

（2）卫生与防疫：

1）施工现场应设专职或兼职保洁员，负责卫生保洁和清扫。

2）办公区和生活区应采取灭鼠、蚊、蝇、蟑螂等措施，并应定期喷洒和投放药物。

3）食堂必须有卫生许可证，炊事人员必须有身体健康证方可上岗。

4）炊事人员上岗应穿戴洁净的工作服、工作帽和口罩，并应保持个人卫生。不得穿工作服出食堂，非炊事人员不得随意进入制作间。

5）食堂的炊具、餐具和公用饮水器具必须清洗消毒。

6）施工现场应加强食品、原料的进货管理，食堂严禁出售变质食品。

7）施工现场作业人员发生法定传染病、食物中毒或急性职业中毒时，必须在 2 h 内向施工现场所在地建设行政主管部门和有关部门报告，并应积极配合调查处理。

三、文明施工的基本要求与工作内容

（1）工地主要入口要设置简朴规整的大门，门旁必须设立明显的标牌，标明工程名称、施工单位和工程负责人姓名等内容。

（2）施工现场建立文明施工责任制，划分区域，明确管理负责人，实行挂牌制。

（3）施工现场场地平整，道路坚实畅通，有排水措施，地下管道施工完后要及时回填平整，清除积土。

（4）现场施工临时水电要有专人管理，不得有长流水、长明灯。

（5）施工现场的临时设施，要严格按施工组织设计确定的施工平面图布置、搭设或埋设整齐。

（6）工人操作地点和周围必须清洁整齐，做到活完脚下清、工完淘场地清，丢撒在楼梯、楼板上的砂浆混凝土要及时清除，落地灰要回收过筛后使用。

（7）砂浆、混凝土在搅拌、运输、使用过程中要做到不撒、不漏、不剩，砂浆、混凝土必须有容器或垫板，如有撒、漏要及时清理。

（8）要有严格的成品保护措施，严禁损坏污染成品，堵塞管道。严禁在建筑物内大小便。

（9）建筑物内清除的垃圾渣土，要通过临时搭设的竖井、利用电梯井或采取其他措施稳妥下卸，严禁从门窗口向外抛掷。

（10）施工现场不准乱堆垃圾。应在适当地点设置临时堆放点，并定期外运。清运渣土垃圾及流体物品，要采取遮盖防漏措施，运送途中不得遗撒。

（11）根据工程性质和所在地区的不同情况，采取必要的围护和遮挡措施，并保持外观整洁。

（12）根据施工现场情况设置宣传标语和黑板报，并适时更换内容，切实起到表扬先进、促进后进的作用。

（13）施工现场严禁居住家属，严禁居民、家属、小孩在施工现场穿行、玩耍。

（14）现场使用的机械设备，要按平面布置规划固定点存放，遵守机械安全规程，经常保持机身及周围环境的清洁，机械的标记、编号明显，安全装置可靠。

（15）清洗机械排出的污水要有排放措施，不得随地流淌。

（16）在用的搅拌机、砂浆机旁必须设有沉淀池，不得将水直接排放下水道及河流等处。

（17）塔吊轨道按规定铺设整齐稳固，塔边要封闭，道渣不外溢，路基内外排水畅通。

（18）施工现场应建立不扰民措施，针对施工特点设置防尘和防噪声设施，夜间施工必须有当地主管部门的批准。

四、文明施工的意义

（1）它是改善人的劳动条件，提高施工效益，消除施工给城市环境带来的污染，提高人的文明程度和自身素质，确保安全生产、工程质量的有效途径。

（2）它是施工企业落实社会主义精神、物质两个文明建设的最佳结合点，是广大建设者几十年心血的结晶。

（3）它是文明城市建设的一个必不可少的重要组成部分，文明城市的大环境客观上要求建筑工地必须成为现代化城市的新景观。

（4）文明施工对施工现场贯彻“安全第一、预防为主”的指导方针，对坚持“管生产必须管安全”的原则起到保证作用。

（5）文明施工以各项工作标准规范施工现场行为，是建筑业施工方式的重大转变。文明施工以文明工地建设为切入点，通过管理出效益，是经济增长方式的一个重大转变。

（6）文明施工是企业无形资产原始积累的需要，是在市场经济条件下企业参与市场竞争的需要。文明施工创建了一个安全、有序的作业场所以及卫生、舒适的休息环境，从而带动了其他工作，是“以人为本”思想的具体体现。

第四节　施工现场伤亡事故调查与管理

事故是指意外的、对人们的生存和发展特别不利的事件。在建筑施工过程中，通常会发生一些不可预测的事件，如触电事故、火灾事故、中毒事故等。安全员在做好事故的预测和预防的同时，也需要掌握伤亡事故报告的程序、事故调查处理的过程及内容以及伤亡事故的紧急救护知识。

一、伤亡事故的报告与统计

1．事故报告

（1）事故报告的时限与程序事故发生后，事故现场有关人员应当立即向施工单位负责人报告，施工单位负责人应当于 1h 内向事故发生地县级以上人民政府建设主管部门和有关部门报告。情况紧急时，事故现场有关人员可以直接向事故发生地县级以上人民政府建设主管部门和有关部门报告。建设主管部门接到事故报告后，应同时报告本级人民政府并通知安全生产监督管理部门、公安机关、劳动保障行政主管部门、工会和人民检察院。对于较大事故、重大事故及特别重大事故，建设主管部门在接到事故报告后，应逐级上报至国务院建设主管部门，国务院建设主管部门再报告国务院；对于一般事故，应逐级上报至省、自治区、直辖市人民政府建设主管部门。必要时，可以越级上报，并且每级上报时间不得超过 2 h。

（2）事故报告内容　重大事故发生后，事故发生单位应根据建设部 3 号令的要求，在 24 h 内写出书面报告，按规定逐级上报。重大事故书面报告（初报表）应当包括如下内容。

1）事故发生的时间、地点和工程项目、有关单位名称。

2）事故的简要经过。

3）事故已经造成或者可能造成的伤亡人数（包括下落不明的人数）和初步估计的直接经济损失。

4）事故的初步原因。

5）事故发生后采取的措施及事故控制情况。

6）事故报告单位或报告人员。

7）其他应当报告的情况。

（3）事故发生地的建设主管部门在接到事故报告后，其负责人应立即赶赴事故现场，组织事故救援。发生一般及以上事故或领导对事故有批示要求的，该区的市级建设主管部门应派员赶赴现场了解事故有关情况。发生较大及以上事故或领导对事故有批示要求的，省、自治区建设厅，直辖市建委应派员赶赴现场了解事故有关情况。发生重大及以上事故或领导对事故有批示要求的，国务院建设主管部门应根据相关规定派员赶赴现场了解事故有关情况。

2．事故的统计上报

发生事故，应按职工伤亡事故统计、报告。职工发生的伤亡大体分成两类：一类是因工伤亡，即因生产或工作而发生的伤亡；另一类是非因工伤亡。在具体工作中，主要要区别下述4种情况。

（1）区别好与生产（工作）有关和无关的关系。如职工参加体育比赛或政治活动发生伤亡事故，因与生产无关，故不作职工伤亡事故统计、报告。

（2）区别好因工与非因工的关系。一般来说，职工在工作时间、工作岗位、为了工作而招致外来因素造成的伤亡事故都应按职工伤亡事故统计、报告；职工虽不在本职工作岗位或本职工作时间，但由于企业设备或其他安全、劳动条件等因素在企业区域内致使职工伤亡，也应按企业职工伤亡事故统计、报告。

（3）区别好负伤与疾病的关系。职工在生产（工作）中突发脑溢血、心脏病等急性病引起死亡的，不按职工伤亡事故统计、报告。

（4）区别好统计、报告和善后待遇的关系。一般来说，凡是统计、报告的事故，均属工伤事故，都可享受因工待遇。而不属统计、报告范围的事故，不等于不按因工待遇处理。例如，职工受指派至某地完成某工作，途中发生伤亡事故，虽不按伤亡事故统计，但应按因工伤亡待遇处理。

二、伤亡事故的调查处理

1．保护现场，组织调查组

（1）事故现场的保护：事故发生后，事故发生单位应当立即采取有效措施，首先抢救伤员和排除险情，制止事故蔓延扩大，稳定施工人员情绪。要做到有组织、有指挥。

严格保护事故现场，即现场各种物件的位置、颜色、形状及其物理化学性质等尽可能地保持原来状态，采取一切必要和可能的措施严加保护，防止人为或自然因素的破坏。因抢救伤员、疏导交通、排除险情等原因，需要移动现场物件时，应当作出标志和记明数据，绘制现场简图，妥善保存现场重要痕迹、物证，有条件的可以拍照或摄像。

清理事故现场，应在调查组确认无可取证，并充分记录及经有关部门同意后，方能进行。任何人不得借口恢复生产，擅自清理现场，掩盖事故真相。

（2）组织事故调查组：

1）对于轻伤和重伤事故，由用人单位负责人组织生产技术、安全技术和有关部门会同工会进行调查，确定事故原因和责任，提出处理意见和改进措施，并填写《职工伤亡事故登记表》。

2）发生一般伤亡事故和重大伤亡事故，由有管辖权的安全生产监督管理部门会同公安机关、监察机关、工会、行业主管部门组成伤亡事故调查组进行调查。

3）发生特大伤亡事故，按下列规定组成伤亡事故调查组进行调查。

① 市、州及其以下所属单位，由市、州安全生产监督管理部门、公安机关、监察机关、工会、行业主管部门等组成伤亡事故调查组进行调查。

② 省及省以上所属单位，由省级安全生产监督管理部门、公安机关、监察机关、工会、行业主管部门等组成伤亡事故调查组进行调查。

③ 省人民政府认为需要直接调查的特大伤亡事故，由省人民政府组成伤亡事故调查组进行调查，或由省人民政府指定的本级安全生产监督管理部门、公安机关、监察机关、

工会、行业主管部门等组成伤亡事故调查组进行调查。急性中毒事故调查组应有卫生行政部门人员参加。

（3）事故调查组成员应符合的条件：

1）具有事故调查所需的某一方面的专长。

2）与所发生的事故没有直接利害关系。

3）满足事故调查中涉及企业管理范围的需要。

（4）伤亡事故调查组的职责：

1）查明伤亡事故发生的原因、过程以及人员伤亡、经济损失情况。

2）确定伤亡事故的性质和责任者。

3）提出对伤亡事故有关责任单位或责任者的处理依据和提出防范措施的建议。

4）向派出调查组的人民政府或安全生产监督管理部门提交由调查组成员签名的伤亡事故调查报告书。

2．现场勘察

事故发生后，调查组必须尽早到现场进行勘察。现场勘察是技才性很强的工作，涉及广泛的科技知识和实践经验，对事故现场的勘察应该做到及时、全面、细致、客观。现场勘察的主要内容如下。

（1）作出笔录：

1）发生事故的时间、地点、气象等。

2）现场勘察人员姓名、单位、职务、联系电话等。

3）现场勘察起止时间、勘察过程。

4）设备、设施损坏或异常情况及事故前后的位置。

5）能量失散所造成的破坏情况、状态、程度等。

6）事故发生前的劳动组合、现场人员的位置和行动。

（2）现场拍照或摄像：

1）方位拍摄，要能反映事故现场在周围环境中的位置。

2）全面拍摄，要能反映事故现场各部分之间的联系。

3）中心拍摄，要能反映事故现场中心情况。

4）细目拍摄，揭示事故直接原因的痕迹物、致害物等。

（3）绘制事故图，包括：建筑物平面图、剖面图；事故时人员位置及活动图；破坏物立体图或展开图；涉及范围图；设备或器具构造简图等。

（4）事故事实材料和证人材料收集，包括：受害人和肇事者姓名、年龄、文化程度、工龄等；出事当天受害人和肇事者的工作情况，过去的事故记录；个人防护措施、健康状况及与事故致因有关的细节或因素；对证人的口述材料应经本人签字认可，并应认真考证其真实程度。

3．分析事故原因，明确责任者

通过整理和仔细阅读调查材料，按事故分析流程图（图 1-1）中所列的 7 项内容进行分析。然后确定事故的直接原因、间接原因和事故责任者。

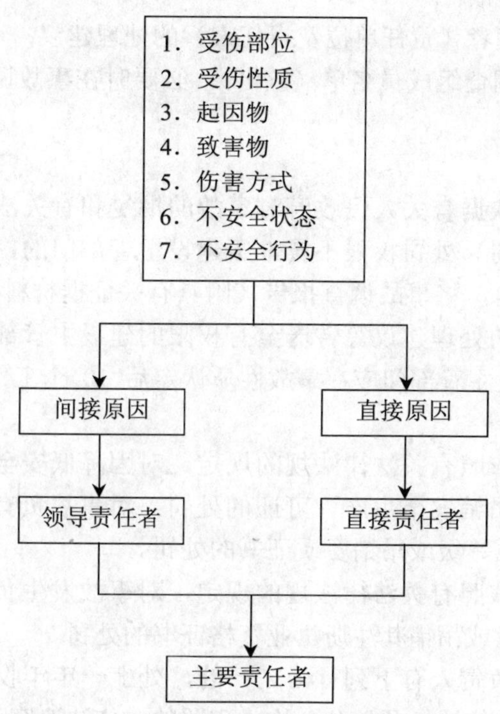

图 1-1　事故分析流程图

分析事故原因时，应根据调查所确认的事实，从直接原因入手，逐步深入到间接原因，通过对直接原因和间接原因的分析，确定事故的直接责任者和领导责任者，再根据其在事故发生过程中的作用，确定主要责任者。

4．提出处理意见，写出调查报告

根据对事故原因的分析，对已确定的事故直接责任者和领导责任者，根据事故后果和事故责任人应负的责任提出处理意见。同时，要制定防范措施并加以落实，防止类似事故重复发生，切实做到“四不放过”，即事故的原因分析不清不放过、事故责任者和群众没有受到教育不放过、没有防范措施不放过、事故的责任者没受到处罚不放过。

调查组应着重把事故的经过、原因、责任分析和处理意见以及本次事故教训和改进工作的建议等写成文字报告，经调查组全体人员签字后报批。如调查组内部意见有分歧，应在弄清事实的基础上，对照相关政策法规反复研究，统一认识。对于个别成员仍持有不同意见的，允许保留，并在签字时写明自己的意见。对此可上报上级有关部门处理直至报请同级人民政府裁决，但不得超过事故处理工作时限。

伤亡事故调查报告书主要包括以下内容：

①发生事故的时间、地点；

②发生事故的单位（包括单位名称、所在地址、隶属关系等）和与发生事故有关的单位及有关的人员；

③事故的人员伤亡情况和经济损失情况；

④事故的经过及事故原因分析；

⑤整顿和防范措施事故；

⑥责任认定及对责任者（责任单位及责任人）的处理建议；

⑦调查组负责人及调查组成员名单（签名），必要时在事故调查报告书中还应附相应的科学鉴定资料。

5. 事故的处理结案

建设主管部门应当依据有关人民政府对事故的批复和有关法律法规的规定，对事故相关责任者实施行政处罚。处罚权限不属本级建设主管部门的，应当在收到事故调查报告批复后 15 个工作日内，将事故调查报告（附具有关证据材料）、结案批复、本级建设主管部门对有关责任者的处理建议等转送至有权限的建设主管部门。对于经调查认定为非生产安全事故的，建设主管部门应在事故性质认定后 10 个工作日内将有关材料报上一级建设主管部门。

建设主管部门应当依照有关法律法规的规定，对因降低安全生产条件导致事故发生的施工单位给予暂扣或吊销安全生产许可证的处罚；对事故负有责任的相关单位给予罚款、停业整顿、降低资质等级或吊销资质证书的处罚。

建设主管部门应当依照有关法律法规的规定，对事故发生负有责任的注册执业资格人员给予罚款、停止执业或吊销其注册执业资格证书的处罚。

事故发生单位主要负责人有下列行为之一的，处上一年年收入 40%～80%的罚款；属于国家工作人员的，并依法给予处分；构成犯罪的，依法追究刑事责任。

①不立即组织事故抢救的。

②迟报或者漏报事故的。

③在事故调查处理期间擅离职守的。

事故发生单位及其有关人员有下列行为之一的，对事故发生单位处 100 万元以上 500 万元以下的罚款；对主要负责人、直接负责的主管人员和其他直接责任人员处上一年年收入 60%～100%的罚款；属于国家工作人员的，并依法给予处分；构成违反治安管理行为的，由公安机关依法给予治安管理处罚；构成犯罪的，依法追究刑事责任。

①谎报或者瞒报事故的。

②伪造或者故意破坏事故现场的。

③转移、隐匿资金、财产，或者销毁有关证据、资料的。

④拒绝接受调查或者拒绝提供有关情况和资料的。

⑤在事故调查中作伪证或者指使他人作伪证的。

⑥事故发生后逃匿的。

事故发生单位对事故发生负有责任的，依照下列规定处以罚款。

①发生一般事故的，处 10 万元以上 20 万元以下的罚款。

②发生较大事故的，处 20 万元以上 50 万元以下的罚款。

③发生重大事故的，处 50 万元以上 200 万元以下的罚款。

④发生特别重大事故的，处 200 万元以上 500 万元以下的罚款。

事故发生单位主要负责人未依法履行安全生产管理职责，导致事故发生的，依照下列规定处以罚款；属于国家工作人员的，并依法给予处分；构成犯罪的，依法追究刑事责任。

①发生一般事故的，处上一年年收入30%的罚款。

②发生较大事故的，处上一年年收入40%的罚款。

③发生重大事故的，处上一年年收入60%的罚款。

④发生特别重大事故的，处上一年年收入80%的罚款。

有关地方人民政府、安全生产监督管理部门和负有安全生产监督管理职责的有关部门有下列行为之一的，对直接负责的主管人员和其他直接责任人员依法给予处分；构成犯罪的，依法追究刑事责任。

①不立即组织事故抢救的。

②迟报、漏报、谎报或者瞒报事故的。

③阻碍、干涉事故调查工作的。

④在事故调查中作伪证或者指使他人作伪证的。

为发生事故的单位提供虚假证明的中介机构，由有关部门依法暂扣或者吊销其有关证照及其相关人员的执业资格；构成犯罪的，依法追究刑事责任。

参与事故调查的人员在事故调查中有下列行为之一的，依法给予处分；构成犯罪的，依法追究刑事责任。

①对事故调查工作不负责任，致使事故调查工作有重大疏漏的。

②包庇、袒护负有事故责任的人员或者借机打击报复的。

三、伤亡事故的紧急救护

现场急救，就是应用急救知识和最简单的急救技术进行现场初级救生，尽快稳定伤病员的伤、病情，减少并发症，维持伤病员的最基本的生命体征，现场急救是否及时和正确，关系到伤病员生命和伤害的结果。

1. 触电事故

（1）假如触电者伤势不重，神志清醒，未失去知觉，但有些内心惊慌，四肢发麻，全身无力；或触电者在触电过程中曾一度昏迷，但已清醒过来等则应保持空气流通和注意保暖，使触电者安静休息，不要走动，严密观察，并请医生前来诊治或者送往医院。

（2）假如触电者伤势较重，已失去知觉，但心脏跳动和呼吸还存在。对于此种情况，应使触电者舒适、安静地平卧；周围不要围人，确保空气流通；解开他的衣服以利呼吸，并迅速请医生诊治或送往医院。如果发现触电者呼吸困难，严重缺氧，面色发白或发生痉挛，应立即请医生做进一步抢救。

（3）假如触电者伤势严重，呼吸停止或心脏跳动停止，或二者都已停止，仍不可以认为已经死亡，应立即施行人工呼吸或胸外心脏按压，并迅速请医生诊治或送医院。

1）人工呼吸法。人工呼吸法是在触电者停止呼吸后应用的急救方法。

施行人工呼吸前，应迅速将触电者身上妨碍呼吸的衣领、上衣、裤带等解开，使胸部能自由扩张，并迅速取出触电者口腔内妨碍呼吸的异物，以免堵塞呼吸道。做口对口人工呼吸时，应使触电者仰卧，并使其头部充分后仰，使鼻孔朝上。

2）胸外心脏按压法。胸外心脏按压法是触电者心脏跳动停止后的急救方法。

做胸外心脏按压时，应使触电者仰卧在比较坚实的地方，在触电者胸骨中段叩击 1～2 次，如无反应再进行胸外心脏按压。人工呼吸与胸外心脏按压应持续 4～6 h，直至病人清醒或出现尸斑为止，不要轻易放弃抢救。当然应尽快请医生到场抢救。

3）如果触电人受外伤，可先用无菌生理盐水和温开水洗伤，再用干净绷带或布类包扎，然后送医院处理。通常方法是：将出血肢体高高举起，或用干净纱布扎紧止血等，同时急请医生处理。

2. 火灾事故

（1）火灾急救：

1） 施工现场发生火灾事故时，应立即了解起火部位、燃烧的物质等基本情况，拨打“119”向消防部门报警，同时组织撤离和扑救。

2）在消防部门到达前，对易燃易爆的物质采取正确有效的隔离。撤离火场内的人员和周围易燃易爆物品及一切贵重物品，根据火场情况，灵活地选择灭火器具。

3）救火人员应注意自我保护，使用灭火器材救火时应站在上风位置，以防因烈火、浓烟熏烤而受到伤害。

4）必须穿越浓烟逃走时，应尽量用浸湿的衣物披裹身体，用湿毛巾或湿布捂住口鼻，或贴近地面爬行。身上着火时，可就地打滚，或用厚重衣物覆盖压灭火苗。

5）大火封门无法逃生时，可用浸湿的被褥衣物等堵塞门缝，泼水降温，呼救待援。

6）在扑救的同时要注意周围情况，防止坠落、触电、中毒、坍塌物体打击第二次事故的发生。在灭火后，应保护火灾现场，以方便事后调查起火原因。

（2）烧伤人员现场救治：

1）伤员身上燃烧着的衣服一时难以脱下时，可让伤员躺在地上滚动，或用水洒扑灭火焰。如附近有河沟或水池，可让伤员跳入水中。如为肢体烧伤则可把肢体直接浸入冷水中灭火和降温，以保护身体组织免受灼烧的伤害。

2）用清洁包布覆盖烧伤面做简单包扎，避免创面污染。

3）伤员口渴时可给适量饮水或含盐饮料。

4）经现场处理后的伤员要迅速转送医院救治，转送过程中要注意观察呼吸、脉搏、血压等的变化。

（3）严重创伤出血伤员救治：

1）止血：

① 当肢体受伤出血时，先抬高伤肢，然后用消毒纱布或棉垫覆盖在伤口表面，在现场也可用清洁的手帕、毛巾或其他棉织品代替，再用绷带或布条加压包扎止血。

② 当肢体动脉创伤出血时，一般的止血包扎达不到理想的止血效果。这时，就先抬高肢体，使静脉血充分回流，然后在创伤部位的近心端放上弹性止血带，在止血带与皮肤间垫上消毒纱布棉垫，以免扎紧止血带时损伤局部皮肤。止血带必须扎紧，要加压扎紧到切实将该处动脉压闭。同时记录上止血带的具体时间，争取在上止血带后 2 h 以内尽快将伤员转送到医院救治。要注意过长时间地使用止血带，肢体会因严重缺血而坏死。

2）包扎、固定：

① 创伤处用消毒医用纱布覆盖，再用绷带或布条包扎，既可以保护创口预防感染，

又可减少出血帮助止血。

② 在肢体骨折时，可借助绷带包扎夹板来固定受伤部在上下两个关节，减少损伤，减少疼痛，预防休克。

③ 在房屋倒塌、陷落过程中，一般受伤人员均表现为肢体受压。在解除肢体压迫后，应马上用弹性绷带绑绕伤肢，以免发生组织肿胀。这种情况下的伤肢就不应该抬高，不应该继续活动，不应该局部按摩，不应该实施热敷。

3）搬运：

经现场止血、包扎、固定后的伤员，应尽快正确地搬运转送医院抢救。不正确的搬运，可导致继发性的创伤，加重病痛，甚至威胁生命。搬运伤员要点如下。

① 肢体受伤有骨折时，应在止血包扎固定后再搬运，防止骨折断端因搬运振动而移位，加重疼痛，再继发损伤附近的血管神经，使创伤加重。

② 在搬运严重创伤伴有大出血或已休克的伤员时，要平卧运送伤员，头部可放置冰袋或戴冰帽，路途中要尽量避免振荡。

③ 处于休克状态的伤员要让其安静、保暖、平卧、少动，及时止血、包扎、固定伤肢以减少创伤疼痛，然后尽快送医院进行抢救治疗。

④ 在搬运高处坠落伤员时，若疑有脊椎受伤可能的，一定要使伤员平卧在硬板上搬运，切忌只抬伤员的两肩与两腿或单肩背运伤员。因为这样会使伤员的躯干过分屈曲或过分伸展，致使已受伤的脊椎移位，甚至断裂，造成截瘫，导致死亡。

（4）中毒事故：

1）施工现场一旦发生中毒事故，均应设法尽快使中毒人员脱离中毒现场、中毒物源，排除吸收的和未吸收的毒物。

2）救援人员在将中毒人员脱离中毒现场的急救时，应注意自身的保护，在有毒有害气体发生场所，应视情况，采用加强通风或用湿毛巾等捂着口、鼻，腰系安全绳，并有场外人控制、应急，如有条件的要使用防毒面具。

3）在施工现场因接触油漆、添加剂、化学制品涂料、沥青、外掺剂等有毒物品中毒时，应脱去污染的衣物并用大量的微温水清洗污染的皮肤、头发以及指甲等，对不溶于水的毒物用适宜的溶剂进行清洗。吸入毒物中毒人员尽可能送往有高压氧舱的医院救治。

4）在施工现场食物中毒，对一般神志清楚者应设法催吐：喝温水 300～500 mL，用压舌板等刺激咽后壁或舌根部以催吐，如此反复，直到吐出物为清亮物体为止。对催吐无效或神志不清者，则送往医院救治。

5）在施工现场如已发现心跳、呼吸不规则或停止呼吸、心跳的时间不长，则应把中毒人员移到空气新鲜处，立即施行体外心脏按压法和口对口（口对鼻）呼吸法进行抢救。

（5）中暑后抢救：

夏季施工最容易发生中暑，轻者全身疲乏无力，头晕、头疼、烦闷、口渴、恶心、心慌；重者可能突然晕倒或昏迷不醒。遇到这种情况应马上进行急救，让病人平躺，并放在阴凉避风处，松解衣扣和腰带，慢慢地给患者喝一些凉开（茶）水、淡盐水或西瓜汁等，也可给病人服用仁丹、藿香正气片（水）等消暑药。病重者，要及时送往医院治疗。

第五节 劳动保护管理

劳动保护是安全技术、劳动卫生、个人防护工作的总称，是在生产过程中为保护劳动者的安全与健康，改善劳动条件，预防工伤事故和职业危害，实现劳逸结合，加强女工保护等所进行的一系列技术措施和组织管理措施。概括地说，劳动保护就是对劳动者在生产过程中的安全与健康所执行的保护。加强劳动保护，预防职业病，是建筑安全生产管理的重要内容。

一、建筑职业病防治措施

（1）用人单位应当采取的职业病防治管理措施。

1）设置或者指定职业卫生管理机构或者组织，配备专职或者兼职的职业卫生专业人员负责本单位的职业病防治工作。

2）制订职业病防治计划和实施方案。

3）建立、健全职业卫生档案和劳动者健康监护档案。

4）建立、健全职业卫生管理制度和操作规程。

5）建立、健全工作场所职业病危害因素监测及评价制度。

6）建立、健全职业病危害事故应急救援预案。

（2）采取有效的职业病防护设施，并为劳动者提供合格的职业病防护用品。

（3）优先采用有利于保护劳动者健康和防治职业病的新技术、新工艺、新材料。

（4）对产生严重职业病危害的作业岗位，应当在其醒目位置，设置警示标识和说明。警示说明应当载明产生职业病危害的种类、后果、预防以及应急救治措施等内容。

（5）对可能发生急性职业损伤的有毒、有害工作场所，设置报警装置，配置现场急救用品、冲洗设备、必要的泄险区和应急撤离通道。

（6）用人单位应当按照卫生行政部门的规定，定期对工作场所进行职业病危害因素检测、评价。检测、评价结果存入用人单位职业卫生档案，定期向所在地卫生行政部门报告并向劳动者公布。

（7）不得将产生职业病危害的作业转移给不具备职业病防护条件的单位和个人。

（8）不得安排孕期、哺乳期的女职工从事对本人和胎儿、婴儿有危害的作业；不得安排未成年人从事接触职业病危害的作业。

二、有害作业防护措施

1．沥青作业卫生防护制度

（1）装卸、搬运、使用沥青和含有沥青的制品均应使用机械和工具，有撒漏粉末时，应洒水，防止粉末飞扬。

（2）从事沥青或含沥青制品作业的工人应按规定使用防护用品，并根据季节、气候和作业条件安排适当的间歇时间。

（3）熔化桶装沥青，应先将桶盖和气眼全部打开，用铁条串通后，方准烘烤，经常疏通防油孔和气眼，严禁火焰与油直接接触。

（4）熬制沥青时，操作工人应站在上风方向。

2．涂装涂料作业卫生防护制度

（1）涂装配料应有较好的自然通风条件并减少连续工作时间。

（2）喷漆应采用密闭喷漆间。在较小的喷漆室内进行小件喷漆，应采取隔离防护措施。

（3）施工现场必须通风良好。在通风不良的车间、地下室、管道和容器内进行涂装、涂料作业时，应根据场地大小设置抽风机排除有害气体，防止急性中毒。

（4）在地下室、池槽、管道和容器内进行有害或刺激性较大的涂料作业时，除应使用防护用品外，还应采取人员轮换间歇、通风换气等措施。

（5）以无毒、低毒防锈漆代替含铅的红丹防锈漆，必须使用红丹防锈漆时，宜采用刷涂方式，并加强通风和防护措施。

3．焊接作业卫生防护制度

（1）焊接作业场所应通风良好，可根据情况在焊接作业点装设局部排烟装置、采取局部通风或全面通风换气措施。

（2）为防止锰中毒，分散焊接点可设置移动式锰烟除尘器，集中焊接场所可采用机械排风系统。

（3）流动频繁、每次作业时间较短的焊接作业，焊接应选择上风方向进行，以减少锰烟尘危害。

（4）在容器内施焊时，容器应有进、出风口，设通风设备，焊接时必须有人在场监护。

（5）在密闭容器内施焊时，容器必须可靠接地，设置良好通风系统和有人监护，且严禁向容器内输入氧气。

4．施工现场粉尘防护制度

（1）混凝土搅拌站，木加工、金属切削加工，锅炉房等产生粉尘的场所，必须装置除尘器或吸尘罩，将尘粒捕捉后送到储仓内或经过净化后排放，以减少对大气的污染。

（2）施工和作业现场经常洒水，控制和减少灰尘飞扬。

（3）采取综合防尘措施或低尘的新技术、新工艺、新设备，使作业场所的粉尘浓度不超过国家的卫生标准。

5．施工现场噪声防护制度

（1）施工现场的噪声应严格控制在 90 dB 以内。

（2）改革工艺和选用低噪声设备，控制和减弱噪声源。

（3）采取消声措施，装设消声器。

（4）采取隔声措施，把发声的物体和场所封闭起来。

（5）采取吸声措施，采用吸音材料和结构，吸收和降低噪声。

（6）采用阻尼措施，用一些内耗损、内摩擦大的材料涂在金属薄板上，减少其辐射噪声的能量。

（7）采用隔振措施，装设减振器或设置减振垫层，减轻振源声及其传播。

（8）做好个人防护，戴耳塞、耳罩、头盔等防噪声用品。

（9）定期进行体检。

三、女工职业危害的预防措施

（1）坚决贯彻执行党和国家妇女劳动保护政策，合理安排女工的劳动和休息，切实维护妇女的合法权益。

（2）做好妇女经期、已婚待孕期、孕期、哺乳期的保护。

1）经期禁止安排冷水、低温作业，冷水作业或者《体力劳动强度分级》（GB 3869—1997）标准中第Ⅲ级体力劳动强度的作业，《高处作业分级》（GB/T 3608—2008）标准中第Ⅱ级（含Ⅱ级）以上的作业。

2）已婚待孕期禁止从事铅、汞、锡等作业场所属于《有毒作业分级检测规程》（LD 81—1995）标准中第Ⅲ、Ⅳ级的作业。

3）怀孕期禁止从事作业场所空气中铅及其化合物、汞及其化合物、苯及其化合物、氯、苯胺、甲醛、镉、铍、砷、氰化物、氮氧化物、一氧化碳、二硫化碳等有毒物质浓度超过国家卫生标准的作业；人力进行的土方和石方作业；《体力劳动强度分级》（GB 3869—1997）标准中第Ⅲ级体力劳动强度的作业；伴有全身强烈振动的作业如风钻、捣固机等作业以及拖拉机驾驶等；工作中需频繁弯腰、攀高、下蹲的作业如焊接作业；《高处作业分级》（GB/T 3608—2008）标准所规定的高处作业等。

4）哺乳期妇女禁止从事作业场所空气中铅及其化合物、汞及其化合物、苯、镉、铍、砷、氰化物、氮氧化物、一氧化碳、二硫化碳、氯、苯胺、甲醛等有毒物质浓度超过国家卫生标准的作业；作业场所空气中锰、氟、溴、甲醇、有机磷化合物、有机氯化合物的浓度超过国家卫生标准的作业；《体力劳动强度分级》（GB 3869—1997）标准中第Ⅲ级体力劳动强度的作业。

四、劳动防护用品的配备与使用

（1）生产经营单位应当按照《个体防护装备用品规范》（GB 11651—2008）和国家颁发的劳动防护用品配备标准以及有关规定，为从业人员配备劳动防护用品。

（2）生产经营单位应当建立健全劳动防护用品的采购、验收、保管、发放、使用、报废等管理制度。

（3）生产经营单位为从业人员提供的劳动防护用品，必须符合国家标准或者行业标准，不得超过使用期限。

生产经营单位应当督促、教育从业人员正确佩戴和使用劳动防护用品。

（4）生产经营单位应当安排用于配备劳动防护用品的专项经费。

生产经营单位不得以货币或者其他物品替代应当按规定配备的劳动防护用品。

（5）生产经营单位不得采购和使用无安全标志的特种劳动防护用品；购买的特种劳动防护用品须经本单位的管理人员或者安全生产技术部门检查、验收。

（6）从业人员在作业过程中，必须按照安全生产规章制度和劳动防护用品使用规则，正确佩戴和使用劳动防护用品；未按规定佩戴和使用劳动防护用品的，不得上岗作业。

第二章　专职安全生产管理人员职责及要求

随着我国安全生产管理形势的不断发展，对从事专职安全生产管理人员要求越来越高。无论是从安全管理理念和理论、安生科学技术的发展来看，还是从安全生产法规体系、安全生产管理体系以及安生文化建设的发展来看，都必须从更高层次对安全生产管理人员提出要求。本章从安全生产管理的形势和任务分析入手，提出专职安全生产管理人员的考核要求。

第一节　安全生产管理形势

一、国际安全生产管理发展概况

1. 国外安全生产管理经验简介

工业发达国家在安全生产管理方面也积累了不少经验和做法，值得我们学习和借鉴。现将德国和美国的安全管理模式作简要介绍。

（1）德国的法制化管理。

为了确保职工的生命安全，德国制定了“劳动保护法规”，由政府部门对各行各业的安全生产、劳动保护、职工伤亡依法行使监察的职能。全国“精密机械与电力行业协会”实行行业管理。由“协会”制定电力行业的技术标准、规范，各电力企业都要认真贯彻执行。同时，这些标准、规范也是“法院”用于判定是否正确遵守行业行为的法定依据。各电力企业依据这些标准、规范制定各生产单位的“规程”、“制度”、“工作条例”，建立正常的企业生产秩序。

在德国，职工保险是强制性的。按照德国法律规定，职工必须参加社会保险：包括“健康保险”、“退休保险”、“转业保险”以及“伤残保险”。前 3 种保险费用由企业与个人各承担一半，职工“伤残保险”由企业全部承担。企业发生了职工伤亡事故，由当地政府有关部门组织调查，有警察局、法院、劳动局，以及技术监督公司、保险公司、企业有关人员参加。调查和事故处理的依据是国家的法律和行业的标准、规定。从“法”的角度来看责任，而不是用“行政”的办法来分析和处理事故。

在生产工作中，职工的安全纳入了国家的法制化管理，大大提高了安全监察的力度。企业的各级负责人，各个岗位上的工作人员直接对自己所从事的工作负责，并承担相应的“法律责任”。为此，企业在培训工作中突出了“法制教育”。企业还请“咨询公司”对企业的各种“规程”、“制度”进行评估。可见，德国的职工安全管理是建立在法制基础上的。

在德国，重大设备事故的调查分析以资产所有者为主，调查组由保险公司、行业协会、技术监督部门、企业负责人，以及政府有关部门组成。在一般设备事故的调查处理上，采取了重对策、轻处罚的原则。

（2）美国企业的“安全第一”理念。

美国和德国的安全监督体制大致是一样的，但是美国企业也讲“安全第一”。在美国高速公路上有时可见工厂房顶上和工作现场有“安全第一”的标牌。美国太平洋天然气与电力公司制订了“安全誓言”，由公司总经理和主管安全的总经理签字后发至各部门“要求部门每一个雇员在“安全誓言”上签字，制成镜框放在墙上。同时印成精致的小卡片发给每一位雇员随身携带。要求雇员的誓言是：我永远将安全放在第一位。同时要求各个部门宣传“公司的利益就是安全第一”。

美国的公司通常由一位副总经理主管企业的安全生产工作，各部门负责人就是本部门的安全负责人，部门内还有一个人主管安全。公司发“红利”与安全挂钩。有人身伤亡时要扣“红利”，可达 25%。公司招聘雇员时，对新进人员要进行安全资质审查。公司定期对生产人员进行安全培训。公司还规定：在各种生产会议上，首先要讲安全。

安全大检查定期进行，生产现场 3 个月一次，每年政府还要检查一次。检查有没有隐患，查出的隐患记录下来，要公司研究解决。在工作中，有影响安全的因素存在时，就要停工，待消除后再工作。在工作现场，还可以看到“安全第一”之类的横幅。

发生人身伤亡或重大设备事故后的调查分析是采用与德国一样的方式进行的。发生事故后，公司还将事故经过、事故原因等简要情况搞成一个“信函”（类似“事故通报”）发给公司每一位雇员，以防再犯。

（3）严格执行规章制度是美国、德国两国的共同特点。

美国、德国在工作中严格执行各种技术规范、规程和安全措施，这是最适用、最有效的管理办法，不再搞其他办法。德国人严谨的工作作风是世人皆知的，他们通过实实在在的工作来确保生产安全。

德国重视生产现场的安全标志和设施。在发电厂房门日备有担架、急救箱（一般装有绷带、剪刀、创口贴）；厂房内到处挂有安全警示图、安全标志、安全警示线，设置醒目的安全栏杆；在有酸、碱及化学药品的工作场所，有关于皮肤或面部意外溅了酸、碱后及时冲洗的提示图标；戴安全帽、跑向安全地带的指示醒目，在各岗位电话亭挂有联系安全的主要电话号码卡，突出了生产现场的安全氛围。

在美国，变电站内值班员操作刀闸的地面上有 1.5 m 见方的花纹钢板，降低可能的跨步电压对操作人员的伤害。在高压配电室内操作时，操作员要戴透明面罩，穿防电弧灼伤的银色防护服。电气实验室的人员在做大电流或高压试验时要戴护目镜。

安全管理的模式是多样化的，各国安全管理的模式是与其国情和体制分不开的。我们要结合中国的国情，学习国外安全管理办法，提高企业的安全生产管理水平。

2. 国际劳动安全卫生发展的挑战

随着生产的发展，职业安全健康问题日益突出。据国际劳工组织（ILO）统计，全球每年发生的各类伤亡事故大约为 2.5 亿起。这意味着每天发生 68.5 万起，每小时发生 2.8 万起，每分钟发生 475.6 起。全世界每年死于工伤事故和职业病危害的人数约为 110 万人（其中约 25%为职业病引起的死亡）。ILO 估计劳动疾病到 2020 年将翻一番。我国虽然在发展中国家处于事故死亡率较低的水平（其他少数国家或地区高出 4 倍以上），但事故死亡率比发达国家高出 1 倍以上。我国作为发展中国家，由于经济基础差，科学技术水平低，生产管理落后及法制监察力度不够，以及职工工资、劳动保护、工作环境和社会福利等方面，与发达国家相比还有相当大的差距。我国目前的安全监察人员的万人（职工）配备率为 0.2，美国是我国的 10 余倍、英国 22 倍、日本 7 倍、德国 16 倍、意大利 6 倍。我国 20 世纪 90 年代每年平均的生产安全投入占 GDP 比例仅为 0.7%，而发达国家高达 3% 以上。用万人投入率比较，美国是我国的 3 倍，英国是我国的 5 倍，日本是我国的 3 倍多。因此，加入 WTO 后，我国安全生产领域为了适应这种形势，将面临劳工标准、国际安全标准一体化、非关税贸易条款（TBT）等诸多的挑战。

例如，中美两国达成世贸组织双边协定后，美国朝野意见分歧很大，反对意见提出：中美双边协定没有对中国的劳工人权、环境保护等社会问题做出约束，这样就损害了美国劳工和制造业的利益。这些人认为，中国职业健康安全上的低成本投入是一种不公平竞争，生产出的产品价格低廉。在随后的西雅图 WTO 部长会议上，劳工和自由贸易再次引起激烈争论，会场内发达国家与发展中国家唇枪舌剑，互不相让。当时的美国克林顿总统在发言中甚至扬言要将不符合劳工标准国家生产的产品排除在美国市场之外，会场上引起轩然大波。由此可知，职业安全与健康问题已发展成为世界的问题，一个国家或一个企业的职业安全与健康问题将极大地影响国家的发展、企业的竞争与生存。

各国对劳动安全卫生也存在不少共识，这些共识是世界劳动安全卫生发展的大趋势。在 1996 年 5 月闭幕的第 14 届世界劳动安全卫生大会上，一百多个国家达成以下共识：

1）劳动者在享受就业权利的同时，必须享受劳动安全卫生的权利；

2）就业政策必须与劳动安全卫生政策密切结合；

3）安全与卫生必须密切结合；

4）安全与卫生是需要投入的，国家和企业都必须保证安全卫生的投入强度；

5）劳动安全卫生工作不仅代表一个国家或企业的水平，也反映一个国家或企业在市场竞争中的潜力和后劲；

6）要通过安全文化来保护职工的安全与健康，要在全球建立一个包括安全卫生支持系统的安全文化，旨在减少事故和职业危害；

7）要强化国家对安全卫生的监察职能，发展国际间的合作，迎接 21 世纪对人类保护、环境保护的挑战。保护人类自身是 21 世纪应该解决的重要课题，我们必须从现在就有一个清醒的认识，否则我们将有愧于人类。

我们应当对世界劳动安全卫生的发展趋势有一个清醒的认识，对搞好安全生产管理的重要性和迫切性有一个全面的、全新的认识，以确立我国安全生产管理的指导思想和奋斗目标。

二、我国安全生产管理的发展

长期以来，我国安全生产管理工作存在以下几个主要问题：安全生产法律、法规和技术标准体系不配套、不完善；安全生产监管体系不够完善。监管力量不足；监管手段落后，不能适应市场经济发展的需要；安全生产投入不足，基础薄弱，大部分企业安全生产管理水平落后；重大危险源和重大事故隐患分布、分类不清，尚未建立起重大事故预防控制体系，重大事故隐患尚未得到有效治理；安全生产科技相对落后，尚不能为安全生产提供足够的技术支撑和保障；全社会安全意识薄弱，安全生产法制观念不强。

但不可否认，我国安全生产管理在存在诸多问题的同时，也得到了长足的进步，有了很大的变化，了解这些变化有助于我们展望安全生产管理的发展趋势。

1．管理理念的发展

我国社会对于安全生产管理的认识观有了较大转变：从“宿命论”到“本质论”；从“就事论事”到“系统防范”；从“安全常识”到“安全科学”；从“劳动保护工作”到“现代职业健康安全管理体系”；从“事后处理”到“事前预控”；从“应急检查”到“安全生产长效机制”。我国全社会的安全生产管理的理念有了较大的转变，通过这些转变我们可以展望今后我国安全生产管理理念的变化趋势。

2．安全理论的发展

我国安全生产的理论经历了 4 个发展阶段。第一阶段是劳动保护和工伤事故理论阶段。这一阶段经历的时间较长，也是后三个阶段的发展基础；第二阶段是事故致因与事故预防理论阶段。它既是前一个阶段的反思，也是后两个阶段的科学发展的前提；第三阶段是安全科学理论的初级阶段。它是前两个阶段的科学思考，是我国科学发展观理念形成的必然结果；现在已进入第四阶段，这就是安全科学理论发展新阶段。我国安全生产管理理论发展必将开创崭新的一页。

3．安全科学技术的发展

安全科学在《学科分类与代码》（GB/T 13745—1992）中获得一级学科地位，这对于鼓励开展安全科学研究，培育安全科学体系将起着积极的作用。相关安全工程和安全技术推广有了较人进步。人才培养上，目前我国已有 50 余所高等院校开办安全工程本科专业教育，硕士授权点的院校 16 所，博士授权点的院校 7 所。科学研究上，目前我国分布在不同地区或行业的安全科学技术研究机构已超过 50 个，安全工程专业研究人员超过 5 000 名，每年有上百项安全科学技术研究项目获得鉴定和获奖。学术出版上，我国目前定期发行的安全生产专业期刊 40 余种，出版安全生产职业健康类著作累积 4 000 余种，每年发表学术论文 3 000 余篇。

4．安全生产法规体系的发展

至 2003 年，经全国人大常委会审议通过的安全生产相关法律 6 部；国务院颁布行政法规近 20 种；国家相关行政规章 200 余种、国家标准 400 余种；行业标准和地方规章不计其数。基本构成了国家、行业、地方、企业多层次的安全生产法规体系。2003 年年底和 2004 年年初，国务院相继出台了《建设工程安全生产管理条例》和《安全生产许可证条例》，与此相关的法律法规也将陆续出台。

5．安全生产管理体系的发展

国家安全生产监管体系初步建立，建立了安全生产综合监管和专项监察的两结合监管体系，执法队伍“三项建设”也被提上了议事日程。我国初步建立了“政府统一领导、部门依法监管、企业全面负责、群众参与监督、社会广泛支持”的国家安全生产运行机制。在企业推行了职业安全健康管理体系，使预防型管理模式得到逐步落实。

6．安全文化建设的发展

安全观念文化不断更新，全社会安全文化氛围初步形成，安全工程专业教育体系基本建立，大众安全教育体系刚刚起步，企业安全文化正在形成，标准化工地、文明工地、平安工地等创建活动在建筑施工工地兴起。

综上所述，无论是从安全生产管理理念、理论的发展，还是从安全科学技术与体系的发展，以及安全生产法律法规建设和安全文化建设来看，安全生产管理是一门综合性的科学，安全生产的形势和发展趋势，需要越来越多的从事安全生产管理工作的人不断地为之努力。

第二节　安全生产管理任务

一、安全生产管理的指导思想和奋斗目标

1. 我国安全生产管理的指导思想和奋斗目标

国务院《关于进一步加强安全生产工作的决定》（国发[2004]2 号）提出了我国安全生产指导思想和奋斗目标。

（1）指导思想。认真贯彻“三个代表”重要思想，适应全面建设小康社会的要求和完善社会主义市场经济体制的新形势，坚持“安全第一、预防为主”的基本方针，进一步强化政府对安全生产工作的领导，大力推进安全生产各项工作，落实生产经营单位安全生产主体责任，加强安全生产监督管理，大力推进安全生产监管体制、安全生产法制和执法队伍“三项建设”，建立安全生产长效机制，实施“科技兴安”战略，积极采用先进的安全管理方法和安全生产技术，努力实现全国安全生产状况的根本好转。

（2）总体目标。到 2007 年，建立起较为完善的安全生产监管体系，全国安全生产状况稳定好转，矿山、危险化学品、建筑等重点行业和领域事故多发状况得到扭转，工矿企业事故死亡人数、煤矿百万吨死亡率、道路交通运输万车死亡率等指标均有一定幅度的下降。到 2010 年，初步形成规范完善的安全生产法治秩序，全国安全生产状况明显好转，重特大事故得到有效遏制，各类生产安全事故和死亡人数有较大幅度的下降。力争到 2020 年，我国安全生产状况实现根本性好转，亿元国内生产总值死亡率、十万人死亡率等指标达到或者接近世界中等发达国家水平。

2. 我国建设工程安全生产的指导思想和奋斗目标

2004 年 3 月 17 日建设部根据国务院《关于进一步加强安全生产工作的决定》（国发[2004]2 号）的有关要求，发布了《建设部关于贯彻落实国务院〈关于进一步加强安全生产工作的决定〉的意见》（建质[2004]47 号），提出了我国未来一段时间内安全生产管理的指导思想和奋斗目标。

（1）指导思想。认真贯彻“三个代表”重要思想，落实国务院《关于进一步加强安全生产工作的决定》，全面实施《建筑法》、《安全生产法》、《建设工程安全生产管理条例》和《安全生产许可证条例》，强化组织领导，加强基础工作，改进监管方式，依法落实建设活动各方主体安全责任，建立建设系统安全生产长效机制，努力实现全国建设系统安全生产状况的根本好转。

（2）奋斗目标。到 2007 年，全国建设系统安全生产状况稳定好转，死亡人数和建筑施工百亿元产值死亡率有一定幅度的下降。到 2010 年，全国建设系统安全生产状况明显

好转，重特大事故得到有效遏制，建筑施工和城市市政公用行业事故起数和死亡人数均有较大幅度的下降。力争到 2020 年，全国建设系统安全生产状况实现根本好转，有关指标达到或接近世界中等发达国家水平。

二、安全生产管理的基本任务

安全生产管理的指导思想和奋斗目标确定了安全生产管理任务。了解我国安全生产管理的基本任务，有助于制定本企业安全生产管理的工作任务，企业主要负责人、项目负责人和专职安全生产管理人员应对我国安全生产管理的基本任务有一个整体的认识。我国安全生产管理的基本任务主要有：

（1）完善安全生产法律法规、技术标准体系；

（2）建立健全安全生产监督管理体系；

（3）加强安全科学技术研究和应用；

（4）建立健全安全生产应急救援体系；

（5）加快安全生产信息化建设；

（6）加快安全生产技术保障体系；

（7）加强安全生产培训和宣传教育体系建设；

（8）加强对重大危险源的监控和重大隐患的治理；

（9）加强对城市公共安全的监督检查；

（10）强化职业卫生监督检查；

（11）加强对中小企业的安全监管；

（12）促进安全产业发展；

（13）加强安全生产中介机构建设；

（14）深化安全生产专项整治；

（15）加快社区安全建设。

第三节　专职安全生产管理人员素质要求及职责

一、专职安全生产管理人员素质要求

建筑施工企业应转变观念，高度重视企业的安全生产管理，把年富力强、具有丰富的安全生产管理知识和工作能力的优秀人员选派到安全生产管理工作岗位。同时，从事专职安全生产管理人员应立志干好本岗位的工作，成为安全生产管理方面的专家。企业在配备专职安全生产管理人员时，应从如下三个基本方面来选拔人才：

1. 具有强烈的事业心和责任感

专职安全生产管理人员必须热爱安全生产管理工作，具有强烈的事业心和责任感。没有强烈的事业心就做不好安全生产管理工作。没有强烈的责任感不但做不好安全生产管理工作，可能还会由于缺乏责任心而引发责任追究，甚至为此承担相应的法律责任。

2. 具有丰富的专业知识和理论水平

安全生产管理是一门综合性的学科，这就要求专职安全生产管理人员具有丰富的专业知识和理论水平，全面地掌握力学、电学、管理学、生理学、心理学、环境学、法律法规和施工技术等方面的知识。只有掌握较全面的知识，才能提高安全生产管理的水平。

3. 具有良好的身体素质

由于建筑业施工特点，建筑施工企业的专职安全生产管理人员，在履行安全生产检查时，需要经常性地登高检查，没有很好的身体就难以胜任这项工作；在检查临边、洞口时，还必须克服生理和心理上的不便；在检查、评比、总结中，必须具有看、听、说、写的基本能力。因此，要求专职安全生产管理人员具有良好的身体素质。

二、专职安全生产管理人员的职责

专职安全管理人员肩负着安全生产日常管理工作的重任，在安全生产管理中经常会遇到一些权利、义务和利益发生矛盾的情况发生。专职安全管理人员应明确自己的权利和义务，忠于职守，坚持原则，把好安全生产管理第一关。企业和项目经理部应该明确专职安全管理人员的权利、任务和义务，积极支持安全管理员做好安全生产的管理工作。

1. 专职安全管理人员的任务

（1）参加年度安全措施计划编制和安全操作规程，总结和推广安全生产的先进经验；

（2）指导生产班组安全员开展安全工作；

（3）会同有关部门做好安全宣传教育和培训，总结和推广安全生产的先进经验；

（4）经常对现场、班组的安全进行检查，及时发现各种不安全问题，帮助、督促整改，消除隐患；

（5）参加伤亡事故的调查和处理，做好工伤事故的统计、分析和报告，协助有关部门人员提出防止事故的措施，并督促按期实施；

（6）督促有关部门人员按规定及时分发和合理使用个人防护用品、保健食品和清凉饮料；

（7）会同有关部门人员做好防尘、防毒、防暑降温和女职工健康保护工作。

2. 专职安全管理人员的权力

（1）遇有严重隐患或违反规章制度的行为，有可能造成重大伤亡事故危险和特别紧急的不安全的情况时，有权指令先行停止生产，并立即报告领导研究处理；

（2）出现重大安全事故，有权立即向上级主管部门和安全监督管理部门报告；

（3）有权检查所在单位对安全生产方针或上级有关安全生产工作指示的贯彻执行情况；

（4）对不认真执行安全生产方针或上级指示的单位或个人，有权越级向上级汇报。

3. 专职安全管理人员的责任

专职安全生产管理人员权力和责任是相对的，必须用好自己的权力，否则将承担相应的责任。专职安全生产管理人员有如下行为的要负相关责任：

（1）所在单位如安全生产工作长期存在严重问题，既没有提出意见，又没有向上级汇报，因而发生事故的；

（2）发生事故不及时上报或隐瞒不报的；

（3）在安全检查工作上不深入不细致，放过了严重事故隐患，而造成事故的；

（4）在安全评比工作上，弄虚作假，或未核实资料的真实性，以至于影响评比工作的。

以上责任可能是法律法规规定的行政责任、民事责任，也可能是刑事责任。因此，安全生产管理人员必须牢记自己责任，全面履行好自己的职责。

第四节　专职安全生产管理人员安全生产考核要点

一、安全生产考核管理的提出

《安全生产法》第二十条明确规定：“生产经营单位的主要负责人和安全生产管理人员必须具备与本单位所从事的生产经营活动相应的安全生产知识和管理能力。”“危险物品的生产、经营、储存单位以及矿山、建筑施工单位的主要负责人和安全管理人员，应当由有关主管部门对其安全生产知识和管理能力考核合格后方可任职。”所以，国务院《安全生产许可证条例》根据《安全生产法》的这一规定，把企业主要负责人和安全生产管理人员经考核合格规定为企业取得安全生产许可证的条件之一。

建筑施工企业的安全生产管理大量工作在建筑工程项目施工现场。项目施工安全生产是企业安全生产管理的基础，项目施工安全生产的好坏直接影响整个企业生产活动的开展。建筑施工企业专职安全生产管理人员是施工现场安全生产管理的具体承担者，肩负着指导和实施安全生产的具体工作。因此，建设部根据国务院《安全生产许可证条例》的规定，制定了《建筑施工企业安全生产许可证管理规定》和《建筑施工企业主要负责人、项目负责人和专职安全生产管理人员安全生产考核管理暂行规定》，把建筑施工企业专职安全生产管理人员必须经考核合格作为企业取得安全生产许可证的条件之一。这一规定是非常必要的，符合我国建筑施工安全生产管理的需要。

二、建筑施工企业专职安全生产管理人员安全生产考核要点

建设部根据《安全生产法》、《建设工程安全生产管理条例》和《安全生产许可证条例》等法律法规的要求，研究制定了建筑施工企业主要负责人、项目负责人和专职安全生产管理人员的安全生产考核要点。考核要点按三类人员的不同要求分别制定，均对安全生产知识水平和安全生产管理能力两部分内容的考核作出了规定。这些考核要点是针对三类人员教育培训的具体要求，也是三类人员考核的范围。其中，建筑施工企业专职安全生产管理人员安全生产考核要点如下：

1. 安全生产知识考核要点

（1）国家有关安全生产的方针政策、法律法规、部门规章、标准及有关规范性文件，本地区有关安全生产的法规、规章、标准及规范性文件；

（2）重大事故防范、应急救援措施，报告制度、调查处理方法以及防护救护方法；

（3）企业和项目安全生产责任制和安全生产规章制度；

（4）施工现场安全监督检查的内容和方法；

（5）典型事故案例分析。

2. 安全生产管理能力考核要点

（1）能认真贯彻执行国家安全生产方针、政策、法规和标准；

（2）能有效对安全生产进行现场监督检查；

（3）发现生产安全事故隐患，能及时向项目负责人和安全生产管理机构报告，及时消除生产安全事故隐患；

（4）能及时制止现场违章指挥、违章操作行为；

（5）能及时如实报告生产安全事故；

（6）安全生产业绩：自考核之日起，所在企业或项目一年内未发生由其承担主要责任的死亡事故。

第五节　专职安全生产管理人员安全生产培训大纲

依据建设部《建筑施工企业主要负责人、项目负责人和专职安全生产管理人员安全生产考核管理暂行规定》（建质[2004]59 号）和省建管局《江苏省建筑施工企业管理人员安全生产考核实施细则》（苏建管质[2004]23 号）文件有关要求制定本大纲。

一、培训对象

建筑施工企业专职安全生产管理人员，是指在企业专职从事安全生产管理工作的人员，包括企业安全生产管理机构的负责人及其工作人员和施工现场专职安全生产管理人员。

二、培训内容及要求

1. 安全生产管理人员职责及要求

了解安全生产管理的历史与现状、国内外安全生产管理发展概况、我国安全生产管理的指导思想和奋斗目标及安全生产管理的基本任务；熟悉安全生产考核管理有关规定和建筑施工企业专职安全生产管理人员安全生产考核要点；熟悉并掌握专职安全生产管理人员素质要求和专职安全生产管理人员的职责。

2. 安全生产管理基础知识

了解我国法律法规概况、安全生产管理的基本原理、防止危险因素的原则以及建筑力学、电学、劳动生理学、劳动心理学、安全教育理论、劳动环境、人机工程以及安全文化等基本知识；熟悉安全生产和安全生产管理的概念、安全生产方针、安全生产八大原则、安全生产管理三大基本措施、法律责任基本内容和企业安全文化；熟悉并掌握建设工程安全生产基本制度和相关法律有关施工企业安全生产管理的法律责任。

3. 施工安全生产管理

了解危险源的识别和安全生产控制的其他方面要求，熟悉安全生产责任制度、安全技术交底主要内容、安全生产检查方式和方法、安全生产教育培训的内容和形式、施工现场管理基本要求、场容场貌管理、环境卫生管理以及施工机械设备与设施安全管理，掌握安全生产检查的评分方法；生产安全事故的应急救援预案和施工组织设计与专项安全技术方案编制，熟悉并掌握安全技术交底的基本要求、文明工地评审要求和建筑施工起重机械设备安全管理规定。

4. 施工安全防护技术

了解安全防护技术的意义及分类、安全色和安全标志；熟悉不安全因素的防护措施和土方工程、基坑支护、物料提升机（龙门架、井架）、外用电梯（人货两用电梯）、塔式起重机、施工机具、拆除工程等防护要求以及施工防火要求；熟悉并掌握脚手架、模板工程、“三宝”、“四口”及临边防护、施工临时用电安全管理等常用安全生产管理及检查要求。

5. 施工安全事故防范与处理

了解触电事故现场急救、烧伤救护、出血救护等事故的急救知识；熟悉事故的概念及预防、事故处理；熟悉建筑施工安全事故应急救援预案管理的具体规定。

第三章　施工安全检查与现场管理

第一节　施工安全检查

一、安全检查的内容及形式

1. 安全检查的内容及形式

安全检查的内容主要应根据施工生产的特点，制定检查项目的标准。但概括起来，主要是查思想、查制度、查机械设备、查安全设施、查安全教育培训、查操作行为、查劳保用品使用、查伤亡事故处理等。

（1）安全检查有经常性的、定期制度性的、突击性的和季节性的等各种形式。安全检查的组织形式，应根据检查目的、内容而定，因此，参加检查的组成人员也就不完全相同。针对主要问题进行检查，这类检查有针对性、调查性，也有批评性。同时通过检查总结安全生产经验，对基层安全工作起到较大的推动作用。

（2）定期检查是企业内部必须建立的定期分级检查安全生产制度，但是，由于企业规模、内部建制等不同，要求也不是千篇一律的。一般中型以上企业，每季度组织一次检查；基层二级单位每月组织一次检查；施工队（组）每半月组织一次全面检查；其二级施工单位（项目部）可每月或每旬组织一次检查。总之，可根据本单位具体情况与上级要求而建立定期检查制度。每次定期检查应由单位领导或总工程师（技术领导）带队，工会、安全、动力设备、保卫等部门派员参加。这种制度性的定期检查内容，属全面性和考核性的检查。

（3）专业性安全检查应由企业有关业务部门组织有关专业人员对某项专业（如垂直提升、脚手架、电气、塔吊、压力容器、防尘防毒等）安全问题，或在施工生产中存在的普遍性的安全问题进行单项检查，这类检查专业性强，也可以结合单项进行评比进行，参加专业安全检查的人员，主要应由专业技术人员、懂行的安检人员和有实际操作、维修能力的工人参加。

对于新搭设的脚手架、垂直提升机（龙门架和井字架）、塔吊等重要设施、设备在使用前进行验收，也属于专业性安全检查。

（4）经常性安全检查时，在施工生产过程中进行经常性的预防检查，能及时发现隐患，消除隐患，保证施工生产正常进行，通常有：

1）班组进行班前、班后岗位安全检查；

2）各级安全员及安全值日人员巡回安全检查；

3）各级管理人员在检查生产同时检查安全。

（5）季节性及节假日前后安全检查是针对气候特点（如冬季、暑季、雨季、风季等），可能给安全生产带来危害而组织安全检查。或节假日（特别是重大节日，如元旦、春节、劳动节、国庆节等）前、后防止职工纪律松懈、思想麻痹等进行的检查。检查应由单位领导组织有关部门人员进行。节日加班更要重视对加班的安全教育，同时要认真检查安全防御措施的落实。

2. 安全检查的方法及要求

安全检查要讲科学、讲效果，因此安全检查方法很重要。以往安全检查主要靠感性和经验进行目测、口讲，安全评价也往往是“安全”或“不安全”的定性评估等。随着安全管理科学化、标准化、规范化，安全管理工作也不断地进行深化、改革。目前，安全检查基本上都是采用安全检查和实测实量的检测手段，进行定性定量的安全评价。

不管何种类型的安全检查，应做到以下几点。

（1）组织领导。各种安全检查都应该根据检查要求配备力量。特别是大范围、全面性的安全检查，要明确检查负责人，抽调专业人员参加检查，并进行分工，明确检查内容、标准及要求。

（2）要有明确的目的。各种安全检查都应有明确的检查目的和检查项目、内容及标准。重点（如安全管理、安全生产责任制的落实，安全技术措施经费的提取使用等）、关键部位如安全设施（保证项目）要重点检查。对大面积或数量多的相同内容的项目可采取系统的观感和一定数量的测点相结合的检查方法。检查时尽量采用坚持工具，用数据说话。对现场管理人员和操作工人不仅要检查是否有违章指挥和违章作业行为，还应进行应知调查，以便了解管理人员及操作人员的素质。

（3）检查记录是安全评价的依据。检查记录要认真、详细。特别对隐患的记录要具体，如有隐患的部位、危险性程度及处理意见等。采用安全检查评分表的，应记录每项扣分的原因。

（4）安全评价。安全检查后要认真、全面地进行系统分析，定性、定量进行安全评价。哪些检查项目已达标；哪些检查项目已基本达标，但是具体还有哪些方面需要进行完善；哪些项目没有达标，存在哪些问题需要整改。受检查单位（即便本单位自检也需要安全评价）根据安全评价可以研究对策，进行整改和加强管理。

（5）整改是安全检查工作重要的组成部分，是检查结果的归宿。整改工作包括隐患登记、整改、复查、销案。

检查中发现的隐患应该进行登记，这不仅是作为整改的备查依据，而且是提供安全动态分析的重要信息渠道。对各单位或多数单位（工地、车间）安全检查都发现同类型隐患（顽固病），根据隐患纪律形成信息流，可以作出指导安全管理的决策。

安全检查中查出的隐患除进行登记外，还应发出隐患整改通知单，引起整改单位重视。对有即发性事故危险的隐患，检查人员应责令停工，被查单位应立即整改。对于违章指挥、违章作业行为，检查人员可以当场指出，进行纠正。被检查单位领导对查出的隐患，应立即研究整改方案，进行“三定”（定人、定期限、定措施），立即进行整改，复杂整改的单位、人员在整改完成后要及时向安全等有关部门反馈信息。安全等有关部门要立即派员进行复查，经复查整改合格，进行销案。

二、安全检查评分标准

随着安全管理的现代化，各地区、企业先后制定了安全检查标准并进行定性、定量的安全评价，促进了安全检查科学化、标准化。

建设部于 1988 年 10 月 10 日建标字（88）第 273 号文件颁发了《建筑施工安全检查标准》(JGJ 59—99)（以下简称《标准》)，并于 1989 年 4 月 1 日起实施。同时，规定了部颁《标准》没有列入的内容、项目，各地可以根据有关安全法规制定地方或本企业安全检查标准。以下介绍部颁标准内容及评分方法。

1. 检查评分内容

（1）建筑施工安全检查评分汇总表（表 3.0.1)，主要内容应包括：安全管理、文明施工、脚手架、基坑支护与模板工程、“三宝”及“四口”防护、施工用电、物料提升机与外用电梯、塔吊起重吊装和施工机具 10 项。该表所示得分作为对一个施工现场安全生产情况的评价依据。

（2）安全管理检查评分表（表 3.0.2）是对施工单位安全管理工作的评价。检查的项目应包括：安全生产责任制、目标管理、施工组织设计，分部（分项）工程安全技术交底、安全检查、安全教育、班前安全活动、特种作业持证上岗、工伤事故处理和安全标志 10 项内容。

（3）文明施工检查评分表（表 3.0.3）是对施工现场文明施工的评价。检查的项目应包括：现场围挡、封闭管理、施工场地、材料堆放、现场宿舍、现场防火、治安综合治理、施工现场标牌、生活设施、保健急救、社区服务 11 项内容。

（4）脚手架检查评分表分为落地式外脚手架检查评分表（表 3.0.4-1)、悬挑式脚手架检查评分表（表 3.0.4-2)、门型脚手架检查评分表（表 3.0.4-3)、挂脚手架检查评分表（表 3.0.4-4)、吊篮脚手架检查评分表（表 3.0.4-5)、附着式升降脚手架安全检查评分表（表 3.0.4-6）等 6 种脚手架的安全检查评分表。

（5）基坑支护安全检查评分表（表 3.0.5）是对施工现场基坑支护工程的安全评价。检查的项目应包括：施工方案、临边防护、坑壁支护、排水措施、坑边荷载、上下通道、土方开挖、基坑支护变形监测和作业环境 10 项内容。

（6）模板工程安全检查评分表（表 3.0.6）是对施工过程中模板工作的安全评价。检查的项目应包括：施工方案、支撑系统。立柱稳定、施工荷载、模板存放、支拆模板、模板验收、混凝土强度、运输道路和作业环境 10 项内容。

（7）“三宝”及“四口”防护检查评分表（表 3.0.7）是对安全帽、安全网、安全带、楼梯口、电梯井口、预留洞口、坑井口、通道口及阳台、楼板、屋面等临边使用及防护情况的评价。

（8）施工用电检查评分表（表 3.0.8）是对施工现场临时用电情况的评价。检查的项目应包括：外电防护、接地与接零保护系统、配电箱、开关箱、现场照明、配电线路、电器装置、变配电装置和用电档案 9 项内容。

（9）物料提升机（龙门架、井字架）检查评分表（表 3.0.9）是对物料提升机的设计制作、搭设和使用情况的评价。检查的项目应包括：架体制作、限位保险装置、架体稳定、钢丝绳、楼层卸料平台防护、吊篮、安装验收、架体、传动系统、联络信号、卷扬机操作棚和避雷 12 项内容。

（10）外用电梯（人货两用电梯）检查评分表（表 3.0.10）是对施工现场外用电梯的安全状况及使用管理的评价。检查的内容应包括：安全装置、安全防护、司机、荷载、安装与拆卸、安装验收、架体稳定、联络信号、电气安全和避雷 10 项内容。

（11）塔吊检查评分表（表 3.0.11）是塔式起重机使用情况的评价。检查的项目应包括：力矩限制器、限位器、保险装置、附墙装置与夹轨钳、安装与拆卸、塔吊指挥、路基与轨道、电气安全、多塔作业和安装验收 10 项内容。

（12）起重吊装安全检查评分表（表 3.0.12）是对施工现场起重吊装作业和起重吊装机械的安全评价。检查的项目应包括：施工方案、起重机械、钢丝绳与地锚、吊点、司机、指挥、地耐力、起重作业、高处作业、作业平台、构件堆放、警戒和操作工 12 项内容。

（13）施工机具检查评分表（表 3.0.13）是对施工中使用的平刨、圆盘锯、手持电动工具、钢筋机械、电焊机、搅拌机、气瓶、翻斗车、潜水泵和打桩机械 10 种施工机具安全状况的评价。

2．检验评分及评价方法

（1）对建筑施工中易发生伤亡事故的主要环节、部位和工艺等的完成情况做安全检查评价时，应采用检查评分表的形式，分为安全管理、文明施工、脚手架、基坑支护与模板工程、“三宝”和“四口”防护、施工用电、物料提升机与外用电梯、塔吊、起重吊装和施工机具共 10 项分项检查评分表和一张检查评分汇总表。

（2）在安全管理、文明施工、脚手架、基坑支护与模板工程、施工用电、物料提升机与外用电梯、塔吊和起重吊装 8 项检查评分表中，设立了保证项目和一般项目，保证项目应是安全检查的重点和关键。

（3）各分项检查评分表中，满分为 100 分。表中各检查项目得分应为按规定检查内容所得分数之和。每张表总得分应为各自表内各检查项目实得分数之和。

（4）在检查评分中，遇有多个脚手架、塔吊、龙门架与井字架等时，则该项得分应为各单项实得分数的算术平均值。

（5）检查评分不得采用负值。各检查项目所扣分数总和不得超过该项应得分数。

（6）在检查评分中，当保证项目中有一项不得分或保证项目小计得分不足 40 分时，此检查评分表不应得分。

（7）汇总表满分为 100 分。各分项检查表在汇总表中所占的满分分值应分别为：安全管理 10 分、文明施工 20 分、脚手架 10 分、基坑支护与模板工程 10 分、“三宝”和“四口”防护 10 分、施工用电 10 分、物料提升机与外用电梯 10 分、塔吊 10 分、起重吊装 5 分和施工机具 5 分。在汇总表中各分项项目实得分数应按下式计算：

在汇总表中各分项目实得分数=汇总表中该项应得满分分值×该项检查评分表实得分数/100（2.0.7）

（8）检查中遇有缺项时，汇总表总得分应按下式计算：

遇有缺项时汇总表总得分=实查项目在汇总表中按各对应的实得分值之和/实查项目在汇总表中应得满分的分值之和×100（2.0.8）

（9）多人对同一项目检查评分时，应按加权评分方法确定分值。权数的分配原则应为：专职安全人员的权数为0.6；其他人员的权数为0.4。

（10）建筑施工安全检查评分，应以汇总表的总得分及保证项目达标与否，作为对一个施工现场安全生产情况的评价依据，分为优良、合格、不合格3个等级。

1）优良：

保证项目分值均应达到第2.0.6条规定得分标准，汇总表得分值应在80分及其以上。

2）合格：

①保证项目分值均应达到第2.0.6条规定得分标准，汇总表得分值应在70分及其以上；

②有一分表未得分，但汇总表得分值必须在75分及其以上；

③当起重吊装检查评分表或施工机具检查评分表未得分，但汇总表得分值在80分及其以上。

3）不合格：

①汇总表得分值不足70分；

②有一分表未得分，且汇总表得分在75分以下；

③当起重吊装检查评分表或施工机具检查评分表未得分，且汇总表得分值在80分以下。

三、安全技术管理

关于安全技术主要简述施工现场安全技术管理方面的要点。

单位工程的安全技术管理工作程序是：根据工程特点进行安全分析、评价、设计，制定对策、组织实施。实施中收集信息反馈，进行必要的调整或巩固安全技术成果。

1．内业——技术分析、决策和信息反馈的研究处理

安全技术资料是内业管理的重要工作，它不仅是施工安全技术的指令性文件实施的依据和记录，而且是提供安全动态分析的信息流。并且对上级制定法规，标准也有着重要的研究价值。

单位工程安全技术管理基础资料，根据原建设部颁发的《建筑施工安全检查评分标准》（JGJ 59—99）要求如下：

（1）施工组织设计安全技术措施（或方案）；

（2）安全技术交底书；

（3）安全设施任务单（复杂或特殊要求的设施还应有设计图纸、计算书）；

（4）安全设施验收书；

（5）采用新工艺、新技术、新设备、新材料的安全交底书和安全操作规定；

（6）特种作业人员验证记录；

（7）安全检查、隐患整改材料。

2．外业——组织实施、监督检查

安全技术措施编写前需对单位工程施工场地进行勘察，了解周围环境、施工条件等，为编写有针对性的安全技术措施提供依据。

各项安全技术设施实施时，作业部门（班组及人员）都必须认真遵照经审定批准的措施方案和有关安全技术规范进行施工作业。安全设施（如脚手架、井字架、龙门架、塔吊的搭设，安全网的架设，施工用电线路、电气开关等布设、洞口、临边的防护设施

等时）完成后必须组织检查验收，合格后才准使用。在使用过程中，要进行经常性的检查维修，确保安全有效。

四、施工现场完全标准化

1. 标准化概念

标准化是指制定标准、组织实施标准和对标准的实施进行监督的活动的总称，是组织企业现代化生产不可缺少的手段。

标准是衡量事物的准则，它是以科学技术和实践经验的综合成果为基础，根据其适用范围的不同和标准的级别报经标准化工作部门机构或有有关领导单位批准，以特定的形式发布不同级别的标准，作为共同遵守的准则和依据。

我国的标准分为国家标准、行业标准、地方标准和企业标准共 4 个级别。

标准按其性质可分为 3 类：技术标准、管理标准和工作标准。同时我国标准化法规定，标准分为强制性标准和推荐性标准。强制性标准是指保护人体健康和人身、财产安全的标准和法律，行政法规规定必须执行的标准；其他标准是推荐性标准。安全标准属于强制性标准。

2. 施工现场安全标准化的制定依据

制定标准是实行标准化的基础。现阶段施工现场应以原建设部颁发的《建筑施工安全检查评分标准》（JGJ 59—99）为基础，上级颁发的安全法规和安全技术规范为标准。上级还没有的标准，企业根据总结实践经验和科学依据，制定本企业施工现场安全管理和安全技术标准。总之做到有章可循，统一标准，使实行安全目标管理有准则，安全考核有依据。

施工现场安全标准化主要项目有：安全管理；行为安全；脚手架；洞口与临边防护设施；施工用电；井字架与龙门架；大型施工机械；中小型机械设备；防火防爆安全；劳动卫生；场容场貌；生活设施。

3. 推行施工现场安全标准化的方法

（1）加强安全教育、提高认识。推行施工现场安全标准化与其他工作一样，首先要提高认识。对职工中存在的“传统习惯性”，如随心所欲、自行其是、不受约束及怕麻烦等思想障碍进行针对性教育，提高对安全标准化的认识。

（2）组织学习标准。有了标准，必须组织职工学习，使广大职工熟悉标准、掌握标准，这是执行标准的重要前提。

（3）执行标准。认真而全面地执行标准是推行标准化活动的关键。尤其是对上级颁发的标准，不能强调什么“标准要求高”和“本企业条件差”等。擅自不执行或降低标准的要求。应该将标准作为目标管理的准则，做到“有章可循、执章必严”。

（4）督促检查。对标准的实施情况进行经常性的监督检查是执行安全标准化落实的必要保证。督促检查工作不应仅是安全部门的事，各级领导都应重视这项工作，才能达到理想效果。

第二节　事故调查与处理

一、伤亡事故统计报告

1. 工伤事故概念

企业职工发生伤亡一般分为两类，一是因公伤亡，即因生产（工作）而发生的；二是非因工伤亡，即与生产（工作）无关而造成伤亡的。

《企业职工伤亡事故报告和处理规定》中规定：统计的因工伤亡是指“职工在劳动过程中发生的”伤亡。具体来说，就是在企业生产活动所涉及的区域内、在生产时间内、与生产直接有关的伤亡事故，及生产过程中存在的有害物质在短期内大量侵入人体，使职工工作中断并须进行急救的中毒事故，或虽不在生产和工作岗位上，但由于企业设备或劳动条件不良而引起的职工伤亡，都应该算作因工伤事故加以统计。

有些非生产性事故，如企业或上级机关举办的体育运动和比赛时发生的伤亡事故，文艺宣传队在演出过程中摔伤等，虽不属于“规定”统计范围，但应根据实际情况具体分析，可以按劳动保险方面的规定，分别确定享受因工、比照因工或非因工待遇。

2. 伤亡事故的分类

（1）特别重大事故，是指造成 30 人以上死亡，或者 100 人以上重伤（包括急性工业中毒，下同），或者 1 亿元以上直接经济损失的事故；

（2）重大事故，是指造成 10 人以上 30 人以下死亡，或者 50 人以上 100 人以下重伤，或者 5 000 万元以上 1 亿元以下直接经济损失的事故；

（3）较大事故，是指造成 3 人以上 10 人以下死亡，或者 10 人以上 50 人以下重伤，或者 1 000 万元以上 5 000 万元以下直接经济损失的事故；

（4）一般事故，是指造成 3 人以下死亡，或者 10 人以下重伤，或者 1 000 万元以下直接经济损失的事故。

按伤害程度的不同，伤亡事故分为轻伤事故、重伤事故、死亡事故和多人事故。根据《企业职工伤亡事故分类》（GB 6441—86）规定的伤亡事故“损失工作日”，轻伤是指损失工作日低于 105 日的失能伤害，重伤是指等于和超过 105 日的失能伤害。

3. 伤亡事故统计报告的目的

职工伤亡事故报告是安全管理的一项重要内容，对伤亡事故做调查分析、统计报告的目的是：

（1）及时反映企业安全生产状态，掌握事故情况，查明事故原因，分清责任，拟定改进措施，防止事故重复发生。

（2）分析、比较各单位、各地区之间的安全工作情况，分析安全工作形式，为制定安全管理法规提供依据。

（3）事故资料是进行安全教育的宝贵资料，对生产、设计、科研工作都有指导作用，为研究事故规律，消除隐患，保障安全，提供基础资料。

二、伤亡事故调查和处理

事故的处理工作是在事故责任分析基础之上进行的。

- 凡属上级领导或指挥有责任的，有以下几种特征，供调查人员特别是安全技术人员参考：

（1）没有及时发出指令或指令错误；
（2）工伤人员对规范或指令不理解；
（3）个人防护用品装备不全；
（4）误用或未提供安全工具或设备；
（5）装备、设施未进行作业前检查；
（6）作业方法上错误；
（7）计划施工上错误；
（8）仓促行事，万事默认。

- 凡事故责任是工伤人员或他人的，有以下几种特征：

（1）急于抄近路；
（2）已提供适当工具但不使用；
（3）个人防护用品已提供，但违章不用；
（4）不正确使用工具、设备、劳保用品；
（5）不遵守指令和操作流程；
（6）思想不集中或与他人打闹、嬉戏；
（7）技术不熟练，个人体质不良；
（8）操作时方法、体位不适当；
（9）由于他人的过错造成（配合不好）。

- 属于设备、材料原因造成的事故，有以下几种特征（涉及领导和检查人员）：

（1）机械设备的防护装置不牢；
（2）机械设备未加防护装置；
（3）材料有缺陷；
（4）工具、设备有缺陷；
（5）机动车上设备有缺陷；
（6）机械设计上有缺陷或型号不对；
（7）送修的设备或材料不安全。

另外还有几种情况，需要进一步调查，以明确责任：

（1）光线、通风设备不足；
（2）工作环境过分拥挤；
（3）堆放或贮存材料不当；
（4）未提供紧急出口或出口不足；
（5）现场布局不合理；
（6）工具、设备、材料随意乱丢乱放；
（7）地面或事故地点太滑；

（8）由他人造成的不安全工作条件。

必须严格执行国家提出的“三不放过”的精神，即事故没有分析清不放过、本人和群众没有受到教育不放过、没确定防范措施不放过。首先以思想教育为主，并对于那些玩忽职守、不负责任、严重官僚主义者视情节轻重，给予必要的出发和经济制裁。情节严重者，送司法机关，以党纪国法论处。下列情况需严肃处理：

（1）经常违反劳动纪律和安全操作规程、屡教不改，以致引起事故造成他人伤亡的。

（2）无故随意拆除安全设备、设施、安全装置，以致造成重大伤亡的。

（3）违章、违纪，带头指挥违章作业，造成重大伤亡事故的。

（4）已发生过伤亡事故，仍未接受教训，有防范措施而不积极组织实施，造成同类伤亡事故的。

（5）已发现有明显的事故征兆，未及时采取措施消除事故隐患，以致发生重大伤亡事故的。

（6）工作严重不负责任或失职造成重大事故的。

对事故责任者的处理如不能取得一致意见，应将不同的意见报请上级有关部门审定。并在事故报告书签字时注明具体的保留意见。在有关部门和领导审定结束、确认后，向群众宣布调查处理结果，教育职工吸取教训。

第三节　文明施工与环境保护

文明施工有广义和狭义两种理解。广义的文明施工，简单地说就是科学地组织施工。这里所讲的文明施工是从狭义上理解的，是指现场管理职工，按现代施工的客观要求，使施工现场保持良好的施工环境和秩序。它是施工现场管理的一项重要的基础工作。

一、文明施工

1. 文明施工的意义

文明施工，是现代化施工的一个重要标志，是施工企业的一项基础性管理工作，坚持文明施工有重大意义，具体讲有以下几点。

（1）文明施工是施工企业各项管理水平的综合反映。

（2）文明施工是现代化管理、现代化施工本身的客观要求。

（3）文明施工是企业管理的对外窗口。

（4）文明施工有利于培养一支懂科学、善管理、讲文明的施工队伍。

2. 文明施工的措施

文明施工措施是落实文明施工标准，实现科学管理的重要途径。

（1）组织管理措施：

1）健全管理组织。施工现场应成立以项目经理为组长，主管生产副经理、主任工程师。承包队长以及生产、技术、质量、安全、消防、保卫、材料、环保和行政卫生管理人员为成员的施工现场文明施工管理组织。施工现场分包单位应服从总包单位的统一管理，接受总包单位的监督检查，并负责本单位的文明施工工作。

2）健全管理制度。

①个人岗位责任制：文明施工管理应按专业、岗位、片区、栋号等分片包干，分别建立岗位责任制度。

②经济责任制：把文明施工列入单位经济承包责任制中，一起“包”、“保”、检查与考核。

③检查制度：工地每月至少组织两次综合检查，要按专业标准全面检查，按规定填写表格，算出结果，张榜公布。班、组实行自检、互检、交接检制度。要做到自产自清、工完场清、标准管理。

④奖惩制度：文明施工管理实行奖惩制度。要制定奖、罚细则，坚持奖惩兑现。

⑤持证上岗制度。

⑥会议制度和各项专业管理制度。

A. 资料。主要有上级关于文明施工的标准、规定、法律、法规；施工组织设计及其附件；施工现场施工日记；文明施工自检资料；文明施工教育、培训、考核记录；文明施工活动记录；施工管理各方面的专业资料等。

B. 施工竞赛。

C. 培训工作，积极应用推广新技术、新工艺、新设备和现代管理方法，提高机械化作业程度。

D. 管理措施。

a.“5S”活动。“5S”是指施工现场各生产要素所处状态不断地进行整理、整顿、清扫、清洁和素养。由于这五个词语中罗马拼音的第一个字母都是“S”，所以简称“5S”。“5S”活动在日本和西方国家企业中广泛实行。

整理：对施工现场现实存在的人、事、物进行调查分析，按照有关要求区分需要和不需要，合理不合理，把施工现场不需要和不合理的人、事、物做及时处理。

整顿：所谓整顿，就是合理定位。通过上一步整理后，把施工现场所需要的人、机、物、料等按照施工现场平面布置图规定的位置，并根据有关法规、标准以及企业规定，科学合理地安排布置和堆码，使人才合理使用，物品合理定置，实现人、物、场所在空间上的最佳结合，从而达到科学地施工，文明安全生产，培养人才，提高效率和质量的目的。

清扫：就是要对施工现场的设备、场地和物品勤加维护打扫。

b. 检查制度：工地每月至少组织两次综合检查，要按专业标准全面检查，按规定填写表格，算出结果，张榜公布。班、组实行自检、互检，交接检制度。要做到自产自清、日产日清、工完场清、标准管理。

c. 奖惩制度：文明施工管理实行奖惩制度。要制定奖、罚细则，坚持奖惩兑现。

d. 上岗制度。

e. 制度和各项专业管理制度。

3）健全管理资料。主要有上级关于文明施工的标准、规定、法律、法规；施工组织设计及其附件；施工现场施工日记；文明施工自检资料；文明施工教育、培训、考核记录；文明施工活动记录；施工管理各方面专业资料等。

4）开展文明施工竞赛。

5）加强教育培训工作，积极应用推广新技术、新工艺、新设备和现代管理方法，提高机械化作业程度。

（2）现场管理措施：

1）开展“5S”活动。

2）合理定置。是指把全工地施工期间所需要的物在空间上合理布置，实现人与物、人与场所、物与场所、物与物之间的最佳结合，使施工现场秩序化、标准化、规范化、体现文明施工水平。

A. 合理安置原则：

a. 在保证施工原则顺利进行的前提下，尽量减少施工用地，利用荒地，不占或少占农田。

b. 要尽量减少临时设施工程量，充分利用原有建筑物及给排水、暖卫管线、道路等，节省临设费用。

c. 要降低运输费用。

d. 施工现场定置过程中，一定要按照上级有关部门劳动保护、质量、安全、消防、保卫、场容、料具、环境保护、环境卫生等施工管理标准、规定等要求，一次定置到位。

e. 施工现场各物的布置方案要有比较，从优选择，做到降低成本、有利生产、方便生活，使人、物、场所相互间形成最佳组合。

B. 合理定置内容：一切拟建的永久性建筑物、构筑物、建筑坐标网、测量放线标桩和弃土、取土场地，垂直运输设备的位置，生产、生活用的临时设施以及各种材料、加工半成品、构件和各类机具存放位置，安全防火设施等。

二、施工现场环境保护

1. 环境保护的意义

（1）保护和改善施工环境是保证人们身体健康的需要。

（2）保护和改善施工现场环境是消除外部干扰，保证施工顺利进行的需要。

（3）保护和改善施工环境是现代化大生产的客观要求。

（4）环境保护是国家和政府的要求，是企业的行为准则。

2. 环境保护的措施

（1）实行环保目标责任制。把环保指标以责任书的形式层层分解到有关单位和个人，列入承包合同和岗位责任制，建立环保自我监控体系。项目经理是环保工作的第一责任人，是施工现场环境保护自我监控的领导者和责任者，要把环境保护政绩作为考核各级领导的一项重要内容。

（2）加强检查和监控工作。要加强对施工现场粉尘、噪声、废气的监控和检测及检查工作。

（3）保护和改善施工现场的环境，要进行综合治理。一是要监控；二是要会同周边单位协调环保工作，齐抓共管；三是要做好宣传教育工作。

（4）要有技术措施，严格执行国家法律、法规。

（5）积极采取措施防止大气污染。

（6）积极采取措施防止水源污染和噪声污染。

第四章 施工基础及主体安全技术

第一节 基础工程安全技术

任何建筑物或构筑物，都是从土石方开始施工的。土石方工程一般包括：场地平整、基坑（槽）、路基及一些特殊土工构筑物等的开挖、回填、压实等项内容。

一、边坡稳定及支护安全技术

基坑挖好后，其边坡失稳坍塌的实质是边坡土体中的剪应力大于土的抗剪强度。而土体中的抗剪强度是来源于土体内摩阻力和内聚力。因此，凡是能影响土体中剪应力、内摩阻力和内聚力的，都能影响边坡的稳定。

一是土的类别的影响。不同类别的土，其土体的内摩阻力和内聚力不同。

二是土的湿化程度影响。土内含水愈多，湿化程度愈高，使土壤颗粒之间产生润滑作用，内摩阻力和内聚力均降低。其土的抗剪强度降低，边坡容易失去稳定。同时含水量增加，使土的自重增加，裂缝中产生静水压力，增加了土体内剪应力。

三是气候的影响使土质松软。

四是基坑边坡上面附加荷载或外力松动影响，能使土体中剪应力大大增加，甚至超过土体的抗剪强度，使边坡失去稳定而塌方。

1. 基坑（槽）边坡的稳定性

为了防止塌方，保证施工安全，开挖土方深度超过一定限度时，边坡均应做成一定坡度。

土方边坡的坡度以其高度 H 与底宽度 B 之比表示，如图 4-1 所示，即土方边坡坡度=H/B=1/B/H=1：m。

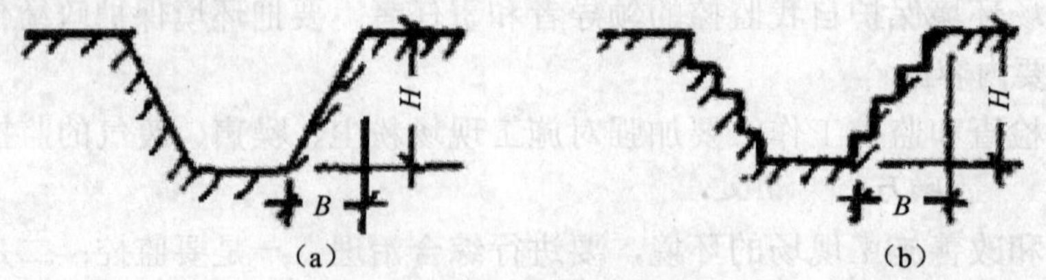

图 4-1 土方边坡

（a）斜坡式；（b）踏步式

土方放坡的大小与土质、开挖深度、开挖方法、边坡留置时间的长短、排水情况、附近堆积荷载等有关。开挖的深度越深，留置时间越长，边坡应设计得平缓一些。反之则可陡一些，用井点降水时边坡可陡一些。边坡可做成斜坡式，如图 4-1（a）所示。根据施工需要也可做成踏步式，如图 4-1（b）所示。

（1）基坑（槽）边坡的规定：当地质情况良好、土质均匀、地下水位低于基坑（槽）底面标高时，不加支撑的边坡最陡坡应符合表 4-1 的规定。

表 4-1 深度 5 m 内的基坑（槽）边坡的最陡坡规定

土的类别	边坡坡度（高：宽）		
	坡顶无荷载	坡顶有静载	坡顶有动载
中密的砂土	1：1.00	1：1.25	1：1.50
中密的碎石类土（填充物为砂土）	1：0.75	1：1.00	1：1.25
硬塑的粉土	1：0.67	1：0.75	1：1.00
中密的碎石类土（填充物为粘性土）	1：0.50	1：0.67	1：0.75
硬塑的粉质粘土、粘土	1：0.33	1：0.50	1：0.67
老黄土	1：0.10	1：0.25	1：0.33
软土（经井点降水后）	1：1.00	—	—

注：1. 静载指堆土或材料等；动载指机械挖土或汽车运输作业等。静载或动载距挖土边缘的距离应在 0.8 m 以外，堆土或材料高度不应超过 1.5 m。

2. 若有成熟的经验或科学理论计算并经试验证明者可不受本表限制。

（2）基坑（槽）无边坡垂直挖深高度规定：

1）无地下水或地下水低于基坑（槽）底面且土质均匀时，立壁不加支撑的垂直挖探不宜超过表 4-2 的规定。

2）天然冻结的速度和程度，能确保施工挖方的安全，在深度为 4 m 以内的基坑（槽）开挖时，允许采用天然冻结法垂直开挖而不设支撑。但在干燥的砂土中应严禁采用冻结法施工。

表 4-2 基坑（槽）立壁垂直挖深规定

土的类别	深度/m
密实、中密的砂土和碎石类土（填充物为砂）	1.00
硬塑、可塑的粉土及粉质粘土	1.25
硬塑、可塑的粉土和碎石类土（填充物为粘性土）	1.50
坚硬的粘土	2.00

2. 滑坡与边坡塌方的分析处理

（1）滑坡的产生和防治：

1）滑坡的产生：

① 震动的影响，如工程中采用大爆破而触发滑坡。

② 水的作用，多数滑坡的发生都与水的参数有关。水的作用能增大土体重量，降低土的抗剪强度和内聚力，产生静水和动水压力，因此，滑坡多发生在雨季。

③ 土体（或岩体）本身层理发达，破碎严重，或内部夹有软泥或软弱层受水浸或震

动滑坡。

④ 土层下岩层或夹层倾斜度较大，上表面堆土或堆材料较多，增加了土体重量，致使土体与夹层之间、土体与岩石之间的抗剪强度降低而引起滑坡。

⑤ 不合理的开挖或加荷，如在开挖坡脚或在山坡上加荷过大，破坏原有的平衡而产生滑坡。

⑥ 如路堤、土坝筑于尚未稳定的滑坡体上，或是易滑动的土层上，使重心改变产生滑坡。

2）滑坡的防治：

① 使边坡有足够的坡度，并应尽量将土坡削成较平缓的坡度或做成台阶形，使中间具有数个平台以增加稳定。土质不同时，可按不同土质削成不同坡度，一般可使坡度角小于土的内摩擦角。

② 排水：

a. 将滑坡范围以外的地表水设置多道环形截水沟，使水不流入滑坡区域以内。

b. 为迅速排出在滑坡范围以内的地表水和减少下渗，应修设排水系统缩短地表水流经的距离，主沟与滑坡方向一致，并铺砌防渗层，支沟一般与滑坡方向成 30°～45°。

c. 妥善处理生产、生活、施工用水，严防水的浸入。

d. 对于滑坡体内的地下水，则应采取疏干和引出的原则，可在坡体内修筑地下渗沟，沟底应在滑动面以下，主沟应与滑坡方向一致。

③ 对于施工地段或危及建筑安全的地段设置抗滑结构，如抗滑柱、抗滑挡墙、锚杆挡墙等。这些结构物的基础底必须设置在滑动面以下的稳定土层或基岩中。

④ 将不稳定的陡坡部分削去，以减轻滑坡体重量，减少滑坡体的下滑力。达到滑体的静力平衡。

⑤ 严禁随意切削滑坡体的坡脚，同时也切忌在坡体被动区挖土。

（2）边坡塌方的防治：

1）边坡塌方的发生：

① 由于边坡太陡，土体本身的稳定性不够而发生塌方。

② 气候干燥，基坑暴露时间长，使土质松软或粘土中的夹层因浸水而产生润滑作用，以及饱和的细砂、粉砂因受振动而液化等原因引起土体内抗剪强度降低而发生塌方。

③ 边坡硬面附近有动荷载，或下雨使土体的含水量增加，导致土体的自重增加和水在土中渗沟产生一定的动水压力，以及土体裂缝中的水产生静水压力等原因，引起土体剪应力的增加而产生塌方。

2）边坡塌方的防治：

① 开挖基坑（槽）时，若因场地限制不能放坡或放坡后所增加的土方量太大，为防止边坡塌方。可采用设置挡土支撑的方法。

② 严格控制护道内的静荷载或较大的动荷载。

③ 防止地表水流入坑槽内和渗入土坡体。

④ 对开挖探度大、施工时间长、坑边要停放机械等，应按规定的允许坡度适当的放平缓些，当基坑（槽）附近有主要建筑物时，基坑边坡的最大坡度为 1∶1～1∶1.5。

3. 基坑及管沟常用支护方法

在基坑或沟槽开挖时，常因受场地的限制不能放坡，或放坡后增加土方量很大。可设支撑，既可保证施工需要，又可保证安全。选择支撑结构需按表 4-3 所示。

表 4-3　支撑结构表

土质情况	基坑（槽）或管沟深度	支撑方法
天然含水量的粘性土，地下水很少	3 m 以内	不连续支撑
	3～5 m	连续支撑
松散的和含水量很高的粘性土	不论深度如何	连续支撑
松散的和含水量较高的粘性土，地下水很多且有带走土坡的危险	不论深度如何	用板桩支撑

注：1. 深度大于 5 m 者，应根据设计而定。

2. 基坑宽度较大，横撑自由度过大而稳定性不定时，可采用储定式支撑。

4. 基槽（坑）壁支护工程施工安全要点

（1）一般坑壁支护都应进行设计计算。并绘制施工详图。比较浅的基坑（槽），若确有成熟可靠的经验，可根据经验绘制简明的施工图，在运用已有经验时，一定要考虑土壁土的类别、深度、干湿程度、槽边荷载以及支撑材料和做法是否和经验做法相同或近似，不能生搬硬套已有的经验。

（2）挡土桩预埋深的拉锚，应用挖沟方式埋设。沟宽尽可能小，不能采取全部开挖回填方式，扰动土体固结状态。拉锚安装后应按设计要求预拉应力进行预拉紧。

（3）施工中经常检查支撑和观测邻近建筑物稳定与变形情况。如发现支撑有松动、变形、位移等现象，应及时采取加固措施。

（4）坑壁支撑选用木材时，要选坚实、无枯节、无穿心裂折的松木或杉木，不宜用杂木。木支撑需随挖随撑，并严密顶紧牢固，不能整个挖好后最后一次支撑。

（5）锚杆的锚固段应埋在稳定性较好的土层中．并用水泥砂浆灌注密实，锚固计算或试验确定，不得锚固在松软土中。

（6）支撑的拆除应按回填顺序依次进行，多层支撑应自下面上逐层拆除，拆除一层，经回填夯实后，再拆除上层。拆除支撑时应注意防止附近建筑物或构筑物产生下沉或裂缝，必要时采取加固措施。

（7）护坡桩施工的安全技术：

1）打桩前，对邻近施工范围内的已有建筑物、驳岸、地下管线等，必须认真检查。针对具体情况采取有效加固或隔振措施。对危险而又无法加固的建筑，在征得有关方面同意后方可拆除，以确保施工安全和邻近建筑物及人身的安全。

机器进场、要注意危桥、陡坡、陷地和防止碰撞电杆、房屋等。打桩场地必须平整夯实，必要时宜铺设道渣，经压路机碾压密实，场地周围应挖排水沟以利排水。在打桩过程中，遇有地坪隆起或下陷时，应随时对机器及路轨进行调平和整平。

2）钻孔灌注柱施工，成孔钻机操作时，应注意将钻机固定平整。防止钻架突然倾倒或钻具突然下落而造成事故。已钻成的孔在尚未灌混凝土前，必须用盖板封严。

二、防排水工程

1. 基础施工排水

基础施工在基坑开挖过程中要注意预防基坑被浸泡引起坍塌和滑坡事故发生。为此，在制订土方施工方案时应注意采取排水措施。

（1）土方开挖及地下工程排水：土方开挖及地下工程要尽可能避开雨季施工，当地下水位较高，开挖土方较深时，应尽可能在枯水期施工，尽量避免在水位以下进行土方工程。

（2）明沟排水：适用于地下水量不大，由地表水、雨水所引起的场合。

具体做法如图 4-2 所示。从槽壁、槽底渗出的地下水经排水沟汇集到集水井，由水泵排出槽外。

当沟槽开挖到将近地下水位时，修建集水井和安装水泵，然后继续开挖沟槽到地下水位时，先在槽底中心线处挖排水沟，使水流向集水井。当挖到接近槽底时，将排水沟改设在槽底两边。排水沟的断面尺寸根据地下水水量而定，一般为 30 cm×30 cm，并以 3%～5%的坡度坡向集水井。

集水井通常设在地下水来水方向的沟槽一侧。集水井与沟槽之间设进水口，为了防止地下水对槽底和集水井的冲刷，进水口两侧用密撑或板加固，如图 4-2 所示。

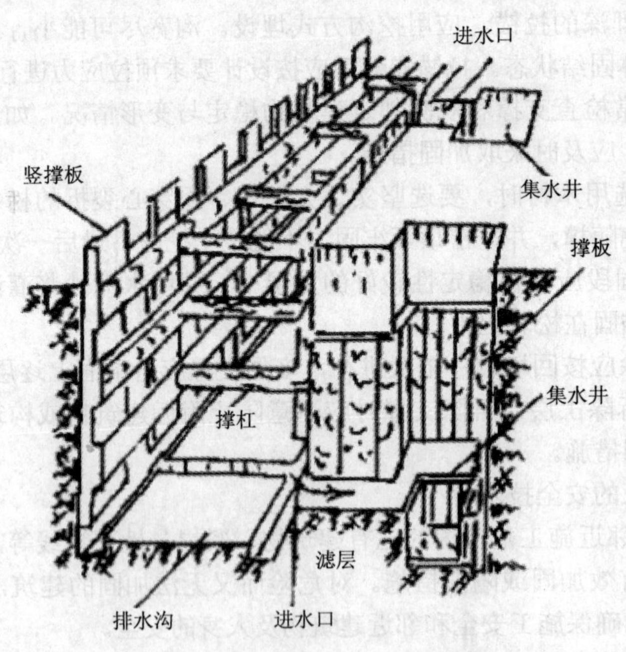

图 4-2 明沟排水系统

槽底土质为粘土或亚粘土时，通常开挖井，或再加木框支撑。也可设直径≥600 mm 的混凝土管集水井，井底一般在沟底以下 1 m。

若土质为粉土、砂土、亚砂土或不稳定的亚砂土，通常采用混凝土集水井。其直径≥1 500 mm，用沉井方法修建，也可用水射振动法下管。井底标高在槽底以下 1.5～2.0 m 处。

混凝土集水井一般应以混凝土或石料进行封底，以免井底发生管涌。

集水井的间距根据土质和地下水量决定，通常为100～150 m。

排水沟与进水口需要经常疏浚，集水井需经常清除井底的淤泥，保持必要的存水深度以维持水泵的正常工作。

明沟排水方法简单。耗人力、物力较少。但没有彻底消除由于地下水渗入沟槽而引起的所有问题。因此，它不是完善的施工排水方法，对于大量地下水的排除不适用。

（3）人工降低地下水位：人工降低地下水位的基本原理是在台水层内钻井抽水，地下水位呈漏斗形降落。如果沟槽位于降落漏斗范围内，就基本上消除了地下水位对施工的影响。地下水位是在沟槽开挖前预先降落的，在施工过程中继续维持降低了的地下水位直至基础施工完毕或沟槽回填完成。这种施工方法麻烦，消耗人力较多，但是，基本上消除了因地下水引起的所有问题。

人工降低地下水位的方法，根据土层性质和允许降深不同，又可分为钻轻型井点、喷射井点、深水泵井点、电渗井点等。

这里只简单地介绍轻型井点的原理和做法。

轻型井点系统适用于粉砂、细砂、中砂、亚砂土、亚粘土等渗透系数为 80 m/昼夜的土层降低地下水位。

沟槽开挖前，在沟槽两边 2～4 m 距离钻一系列井点群，井点间距视抽水方法而定，一般为 4～10 m，在各井点间布置必要的管路和附件，如图 4-3 所示。

轻型井点系统由井点管、直管、弯联管、总管和抽水设备组成。连接方法如图 4-4 所示。

井点由镀锌钢管制成直径一般为 *DN*50，长度为 1～1.5 m，管壁钻成三角形布置的孔眼。地下水经孔眼涌入管内。井点管的下端用管堵封闭。有时还要安装沉砂管，使地下水中夹带的砂粒沉积在沉砂管内。

井点管外壁包扎滤网，防止颗粒进入。滤网的材料和网孔规格根据土颗粒粒径和地下水质而定。

在细砂、粉砂层内可采用筛绢（生丝布）。并在筛绢内外各包一层纤维网眼布，如图 4-5 所示。在较大颗粒砂层中，也可采用棕皮。为保护滤网，可在其外加套管保护。

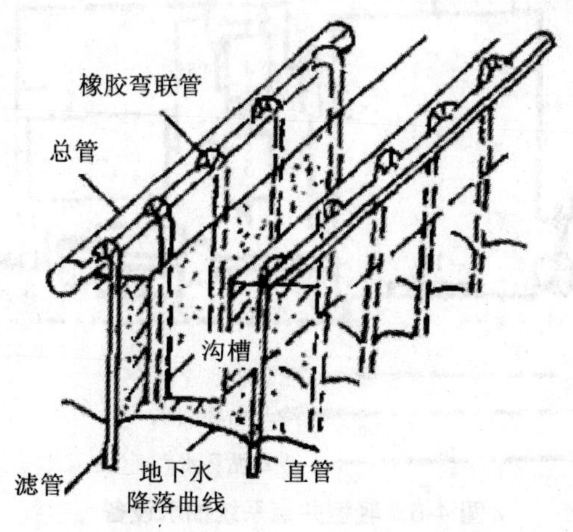

图 4-3　沟槽双排水点系统

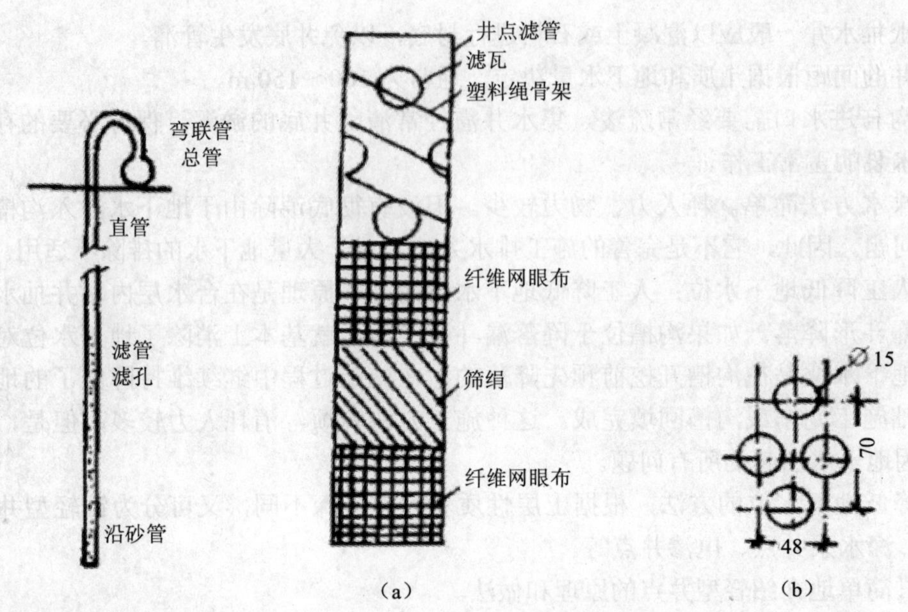

图 4-4 轻型井点系统管路 **图 4-5 井点管构造图**

（a）井点滤网构造；（b）井点管壁孔眼布置

井点与不设孔眼的“直管”（采用同径水、煤气管）相连。弯联管为橡胶软管，总管一般为 *DN*150 的钢管。

轻型井点系统采用真空式或射流式抽水设备。

真空式抽水设备为真空泵——离心泵联合机组，工作简图如图 4-6 所示。启动真空泵 6，使副气水分离器 4 内形成一定的真空度，进而使气水分离器 3 和井点管路形成真空，地下水和土中气体经井点管、直管、弯联管、总管进入气水分离室。进入气水分离室的地下水由水泵 7 抽吸排走，气体则由副气水分离器和真空泵排除。在副气水分离器中再一次水、气分离，剩余水泄入沉砂罐 5，防止水进入真空泵。此外，真空泵还有冷却循环系统。

图 4-6 轻型井点系统抽水设备

1—总管；2—单向阀；3—气水分离器；4—副气水分离器集气罐；5—沉砂罐；6—真空泵；7—水泵；8—稳压罐；9—冷却水循环水泵；10—水箱；11—泄水管嘴；12—清扫口；13—真空泵；14—压力表管；15—液面计

真空式抽水设备的地下水位降落深度为 5.5～6.5 m。

为了简化抽水设备和提高抽水工作的可靠性，可采用射流式抽水设备。其工作过程如图 4-7 所示。离心泵从水箱内抽水，水泵出口通过管子与装在水的射流器进口连通，高压水在射流器喷射口射流造成真空，使地下水经由井点管、总管而至射流器。经能量变换压出到水箱内。这种抽水设备可使地下水位降落深度达 9 m。

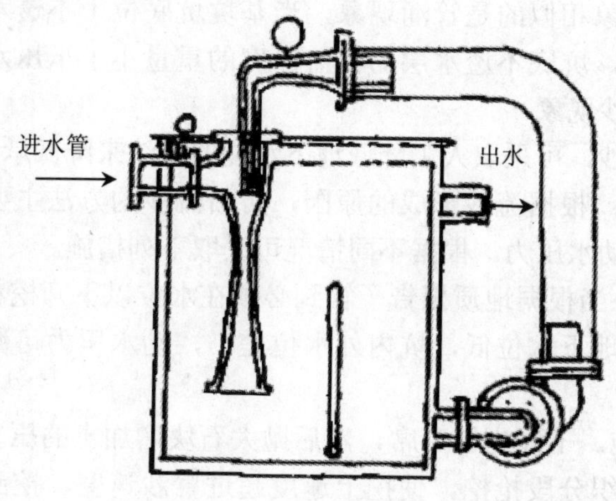

图 4-7 射流泵

（4）开挖低于地下水位的基坑（槽）、管沟及其他挖方时，应根据工程地质资料、挖方深度和尺寸，选用集水坑井点降水。

采用集水坑降水时，应符合以下规定：

1）根据现场条件，应能保持开挖、边坡的稳定。

2）集水坑应与基础底边有一定距离。边坡如有局部渗出地下水时，应在渗水处设置过滤层，防止土粒流失，并应设置排水沟，将水引出坡面。

采用井点降水，降水前应考虑降水影响范围内的已有建筑物和构筑物可能产生附加沉降、位移。定期进行沉降和水位观测并作好记录。发现问题，采取措施。

2. 流沙的防治

（1）有时坑底土成为流动状态，随地下水涌起，边挖边冒，以致无法挖深的现象，称为流沙。

（2）流沙的危害：若是挖基坑（槽），流沙使基土受扰动，可能造成坑壁坍塌，对附近的建筑则可能因地基土扰动而沉降。若不及时制止将可能使附近建筑倾斜，甚至倒塌。造成严重的后果。同时对新挖的基坑，由于地基土的扰动也将影响其他基础承载力，并使施工不能继续进行下去。

（3）流沙发生的原因：根据理论分析，实践经验总结与土工试验得知，当土具有下列性质，就有可能发生流沙现象。

1）土的颗粒组成中，粘土颗粒含量小于 10%，粉粒（粒径为 0.005～0.05 m）含量大于 75%。

2）颗粒级配中，土的不均匀系数小于 5。

3）土的天然孔隙比大于 0.75。

4）土的天然含水量大于 30%。

总而言之，流沙现象经常发生在粉沙、细沙、亚沙土中。但是否发生流沙现象，还取决于动水压力的大小，当地下水位较高，坑内外水位差较大时，动水压力也就愈大，愈易发生流沙现象。一般经验是，在可能发生流沙的土质处，基坑挖深超过地下水位线 0.5 m 左右，就有可能发生流沙现象。

另外，与流沙现象相似的是管涌现象，当基坑坑底位于不透水土层中，而不透水土层下面为承压蓄水层，坑底不透水层的覆盖厚度的重量小于承压水的顶托力时，基坑底部即可能发生管涌冒沙现象。

为了防止管涌冒沙，可采取人工降低地下水位的办法来降低承压层的压力水位。

（4）流沙的防治：根据流沙形成的原因，防治流沙的方法主要是减小动水压力，或采取加压措施以平衡动水压力。根据不同情况可采取下列措施。

1）枯水期施工。当根据地质报告了解到必须在水位以下开挖粉细沙土层时，应尽量在枯水期施工。因为地下水位低，坑内外水位差小，动水压力可减小，就不容易发生流沙现象。

2）采用加压措施。下面先铺芦席，然后抛大石块增加土的压重，来平衡动水压力，采用这种方法，应组织分段抢挖，使挖土速度超过冒沙速度，挖到标高立即铺芦席加大石块把流沙压住。此法用以解决局部流沙或流沙轻微时有效。如果坑底冒沙较快，土已失去承载力，抛入大石块会很快深入土中，无法阻止流沙现象。

3）水下挖土法。就是不排水挖土，使坑内水压与坑外地下水压相平衡，避免流沙现象发生，这种方法在沉井挖土过程中常采用，但水下挖土太深时不宜采用。

4）地下连续墙法。这种方法是在地面上开挖一条狭长的深槽（一般宽 0.6～1 m，深可达 20～30 m），在槽内浇铸钢筋混凝土，可截水防止流沙，又可挡土护壁，并作为正式工程的承重挡土墙。

5）打钢板桩法。以增加地下水从坑外流入坑内的渗流路线，减小水力坡度，从而减小动水压力，防止流沙发生，但此法要投入大量的钢板桩，不经济，较少采用。

6）人工降低地下水位方法。采用井点降水，由于地下水的渗流向下，使动水压力的方向也朝下，增加土颗粒间的压力，从而有效地制止流沙现象发生，此法较可靠，采用较广。

三、人工挖大直径桩工程

各种大直径灌注桩工程施工，为了确保安全首先应考虑机械成孔，如果受客观条件限制，无法采用机械钻孔，必须用人工挖孔或机械钻孔后人工扩孔时，应由建设单位、施工单位和钻孔单位共同向上级主管领导办理申请人工挖孔施工手段，或者按地方政府主管部门对此所作有关规定执行。并编制人工挖孔桩的单项工程施工方案及安全技术措施，报经主管部门批准后方可施工。

大直径人工挖孔桩，一般用作桥墩下的桩基，高层建筑的地基，施工周围遇有建筑物时，作挡土支撑等。人工大直径挖孔桩适用于地下水较少的粘土、亚粘土、含少量沙卵石、姜固石的粘土层中，特别适合于黄土层中使用。对流沙、软土、地下水位较高、涌水量大的土层不宜采用。

1. 一般构造

桩一般构造形式如图 4-8 所示。桩直径 φ800～2 000 mm，最大直径可达 φ3 500 mm。底部采取不扩底和扩底两种方式，扩底直径为 1.3～3.0 d，最大扩底直径可达 4 500 mm。扩底变径尺寸按 $\frac{d_1-d}{2}$，h=1∶4，$h_1 \geqslant \frac{d_1-d}{4}$ 进行控制，桩底应支撑在可靠的持力层上，配筋由计算确定，桩间净距按各地主管部门规定实行，一般不宜小于 3 倍桩直径。

2. 施工程序

（1）场地平整后放线，地面设十字控制网、基准点，以控制桩位和水平标高。

（2）依据控制网定桩位开挖线，并挖第一节桩孔土方。

（3）第一节桩土方挖好后绑护壁钢筋，支安护壁模板，浇筑第一节混凝土护壁，然后在护壁上二次投设标高及桩位的十字轴线。

（4）安装活动井盖，设置垂直运输架，安装电动葫芦（卷扬机）、吊土桶、潜水泵、鼓风机、照明设施等。

（5）开挖第二节桩身土方，清理桩孔四壁，校核桩孔垂直度、直径和中心轴线，拆上节模板支第二节模板，浇筑第二节混凝土护壁。如此重复第二节挖土、绑护壁钢筋、支模、浇筑混凝土工序循环作业直至桩设计深度。

（6）检查持力层后进行扩底，对桩孔直径、深度、持力层进行全面检查验收，清理虚土，排干孔底积水，吊放桩身钢筋笼就位，浇筑桩身混凝土。

3. 孔壁支护

为了确保孔内挖土操作安全，防止土壁坍塌，一般挖孔每挖 1 m 深要对孔壁支护一次，支护常采用现浇混凝土护壁，抹钢筋网水泥砂浆或用工具式钢筋护笼。由于现浇钢筋混凝土护壁整体性好，能与土壁结合，受力均匀，安全可靠，因此广泛采用。对于桩径小，深度不大，土质较好且无地下滞水的桩孔可用抹钢筋网水泥沙浆或工具式钢筋防护笼。

混凝土护壁的构造，分段高度由土质情况确定一次挖土深度。一般为 0.9～1 m，但土质不好也可一次挖 0.5 m。现浇混凝土护壁厚度可参见表 4-4。

表 4-4 现浇混凝土护壁厚度选用

桩直径 d/mm		护壁混凝土厚度/mm
1 000	1 200	100
1 200	1 800	150
1 800	2 400	200

护壁混凝土强度等级采用 C25 或 C30，为了避免在挖土时护壁向下位移，特别是孔底扩孔时更可能发生，宜在每节护壁接头处加 4 根垂 φ12 短钢筋（在接头处上下各埋 250 mm 长）拉结，在扩孔处拉筋加倍。根据土质情况和挖孔深度，护壁内可适当配筋，特别是当孔壁四周土质不同，且一侧有滞水时，护壁混凝土可能承受拉力，更应适当配筋。

第一护壁在地面处，做一个宽 400 mm 的井壁图，以保护井口。

抹钢筋网水泥沙浆护壁，一般用 φ6 钢筋，做成圆圈，每隔 100～200 mm 放一个，并配构造竖筋连接，然后抹 30 mm 厚 1∶3 水泥沙浆。

4. 挖孔方法

（1）采用人工从上到下逐层用镐、锹进行挖土，挖土顺序是：先挖中间后挖周边，并按设计桩径加 2 倍护壁厚度控制截面，尺寸的允许误差不超过 30 mm。

（2）扩底部分应先挖桩身圆柱体，再按扩底尺寸从上到下削土修成扩底形。

（3）弃土装入活底吊桶或箩筐内，垂直运输，由孔上口安装的支架、工字轨道、电葫芦或搭三角架，用 10～20 kN 慢速卷扬机提升解决。若桩孔较浅时，亦可用木吊架或木辘轳用粗麻绳提升。土吊到地面上后用机动翻斗车或手推车运出。同时应在孔口设水平移动式活动安全盖板，当土吊桶提升到离地面约 1.8 m 时，推动活动盖板关闭孔口，将手推车推至盖板上使吊桶中土卸于车中推走，再开盖板放下吊桶装土。严防土块、操作人员掉入孔内伤人。采用电动葫芦提升吊桶，桩孔四周应设安全栏杆。

（4）直径大于 1.2 m 以上的桩孔开挖时，应设护壁，挖一节浇一节混凝土护壁，以保证孔壁稳定和操作安全。对直径较小不设护壁的桩孔，应采用钢筋护笼壁，随挖随设，并用 φ6 mm 钢筋按桩孔直径作圆形钢筋圈，随挖桩孔随将钢筋圈以间距 100 mm 一道固定在孔壁上，并用 1∶2 快硬早强水泥沙浆抹孔壁，厚度约 30 mm，形成钢筋保护壁，以确保人身安全。

（5）孔内严禁放炮，以防震土壁造成事故，或震裂护壁造成事故。

（6）人员上下可利用吊桶，但要配滑车，粗绳或绳梯，以供停电时应急使用。

（7）挖孔时要随时加强对土壁涌水情况的观察，发现异常情况，应及时采取处理措施。对于地下水要采取随挖随用吊桶（用土堵缝隙）将泥水吊出。若为大量渗水，可在一侧挖集水坑用高扬程潜水泵排出桩孔外。

（8）挖土时的中心线控制，应在安装提升设备时，使吊桶和钢丝绳中心与桩中心一致，以作挖土时粗略控制中心线用。

（9）多桩孔开挖时，应采用间隔挖孔方法，以减少水的渗透和防止土体滑移。

（10）对桩的垂直度和直径，应每段检查，发现偏差，应随时纠正，支护壁模板前应做好记录。桩底持力层应符合设计要求，清除底部浮土后，应逐根进行隐蔽验收并做好检查记录。

（11）已扩底的桩，要尽快浇筑桩身混凝土，不能很快浇灌的，应暂不扩底，以防扩大至塌方。

5. 安全技术与管理

（1）人工挖孔桩开工前的准备工作：

1）平整场地，做到场地平整不积水，并做到水通、电通、道路通。调查了解施工现场的地上、地下障碍物，如地下电缆、上下水管道、旧墙基、旧人防工程等的分布情况，并针对情况提出预防事故的方案。

2）必须有完整的桩设计图纸、说明及施工要求资料，以及完整的地质勘察报告书，掌握施工区域各层土的物理力学性质，桩持力层的岩性特征及埋深、地下水埋深和分布情况。

3）熟悉了解现场情况、设计图纸及承包合同的要求之后，编制人工挖孔桩施工方案，其施工方案首先要保证安全施工，要有全面的安全技术措施。要办好施工开工证书。

4）施工现场的周围设围布或栏杆与外界隔开，不允许非工作人员入内。

5）按施工方案要求配备齐挖孔施工机具、模板、通风机、水泵、照明和动力电器以及土建钢筋混凝土工程的施工机具等。

（2）施工组织与管理：

1）成立专门的施工指挥组，由土建工程负责人与挖孔专业技术人员共同负责指挥施工，管理生产与安全技术工作。

2）施工方案中制定的安全技术措施，以及有关的安全技术规范、规程的要求，开工前由施工指挥组向全体操作人员、管理人员进行安全技术交底。现场设专职安全员负责现场安全检查与监督工作。

3）挖孔桩工程现场负责人，必须熟练掌握人工挖孔的施工方法、法规、操作规程、安全生产技术知识，指导和监督工人进行安全生产。

4）人工挖孔桩施工宜建立专业施工队伍。参加挖孔作业的工人，事先必须检查身体，凡患精神病、高血压、心脏病、癫痫病及聋哑人等不能参加作业。

5）现场设专人做好挖桩施工记录。

（3）施工注意事项：

1）非机电人员不允许操作机电设备。如翻斗车、搅拌机、电焊机和电葫芦等应由专人负责操作。

2）每天上班前及施工过程中，应随时注意检查辘轳轴、支腿、绳、挂钩、保险装置和吊桶等设备的完好程度，发现有破损现象时，应及时修复或更换。

3）现场施工人员必须戴安全帽，井下人员工作时，井上配合人员不能擅离职守。孔口 1 m 范围内不得有任何杂物，推土应离孔口 1.5 m 以外。

4）井孔上、下应设可靠的通话联系，如对讲机等。

5）挖孔作业进行中，当人员下班休息时，必须盖好孔口，或设 800 mm 高以上的护身栏。

6）正在开孔的井孔，每天上班工作前，应对井壁、混凝土支护以及井孔中的气孔等进行检查，发现异常情况，应采取安全措施后，方可继续施工。

7）井底需抽水时，应在挖孔作业人员上地面以后再进行。

8）夜间一般禁止挖孔作业，如遇特殊情况需要夜班作业时，必须经现场负责人员同意，并必须有领导和安全人员在现场指挥和进行安全检查与监督。

9）井下作业人员连续工作时间不宜超过 4 h，应勤轮换井下作业人员。

10）井孔的保护：

① 雨季施工，应设砖砌井口保护圈，高出地面 150 mm，以防地面水流入。

② 最上一节混凝土护壁，在井口处混凝土应出 400 mm 宽的沿，厚度同护壁，以便保护井口。

11）照明、通风的要求：

① 井孔内一律采用 12V 低压，100W 防水带罩灯泡照明，并用防水电缆引下。井上现场用 24V 低压照明，现场用电均应安装漏电保护装置。

② 挖井 4 m 以下时，需用可燃气体测定仪检查孔内作业面是否有沼气，若发现有沼气应妥善处理后方可作业。

③ 下井之前，应对井孔内气体进行抽样检查，发现有毒气体含量超过允许值，应将毒气清除后，并不致再产生毒气时，方可下井工作。

④ 上班前，先用鼓风机向孔底送风，必要时应送氧气，然后再下井作业。在其他有毒物质存放区施工时，应先检查有毒物质对人体的伤害程度，再确定是否采用人工挖孔方法。

第二节 主体工程安全技术

一、脚手架工程

1. 概述

脚手架是建筑施工中不可缺少的临时设施。无论是工业建筑还是民用建筑，都是由各种建筑材料组合而成。砖墙的砌筑、墙面的抹灰、装饰和粉刷，结构构件的安装等，都需要搭设脚手架，以便在其上进行施工操作；必须把建筑材料从地面向高处提升和建筑材料在高处施工面上短距离运输；必须在高处施工面堆放各种建筑材料；必须搭设确保施工现场职工人身安全的高处防护设施。

脚手架虽然是随着工程进度而搭设，工程完毕就拆除，但它对建筑施工速度、工作效率、工程质量以及工人的人身安全有着直接的影响。如果脚手架搭设不及时，就会拖延工程进度；脚手架搭设不符合施工需要，工人操作就不方便，质量得不到保证，工效也提不高；脚手架搭设不牢固，不稳定，就会造成施工中的重大伤亡事故。因此，对脚手架的选型、构造、搭设质量等绝不可疏忽大意。

（1）脚手架的作用：脚手架既要满足施工需要，而且又要为保证工程质量和提高工效创造条件，同时还应为组织快速施工提供工作面，所以，它应起以下的一些作用：

1）能满足施工操作所需要的运料和堆料，且方便操作。

2）使操作不致影响工效和产品的质量。

3）要保证作业能连续的施工。

4）对高处作业人员能起防护作用，以确保施工人员的人身安全。

5）多层作用，交叉流水作业和多工种作业。

（2）脚手架的基本要求：

1）使用要求：

① 要有足够的操作面，满足材料堆放、运输和工人操作的要求。

② 施工作业期间在各种荷载和气候条件的作用下，保证坚固、不变形、不摇晃、不倾斜、稳定。

③ 搭拆简单，搬移方便，能多次周转使用。

④ 因地制宜，就地取材，节约材料。

2）安全要求：

① 使用荷载：脚手架具有荷载安全系数的规定。脚手架的使用荷载是以脚手板上实际作用的荷载为准。一般规定，结构用的里、外承重脚手架，均布荷载不超过 2 700 N/m^2，

即在脚手架上，堆砖只准单行侧放三层；用于装修工程，均布荷载不超过 2 000 N/m^2，桥式、吊挂和挑式等架子，使用荷载必须经过计算和试验来确定。

② 安全系数：脚手架搭拆比较频繁，施工荷载变动较大，因此安全系数一般均采用允许应力计算，考虑总的安全系数 k，一般取 k=3。

多立杆式脚手架大、小横杆的允许挠度，一般暂定为杆件长度的 1/150，桥式架的允许挠度暂定为 1/200。

3）作业安全要求：负责从事脚手架作业的工人称为架子工，现在规定为建筑登高架设作业人员。

由于架子搭设的技术要求较高，架子的搭设质量对施工人员的人身安全和施工效率有直接影响，架子搭得不符合要求，容易发生坍塌、坠落等事故。架子工在为他人创造安全的劳动条件，进行架子搭设的过程中，自己本身也可能出现不安全、无防护的高处作业环节，极易发生高处坠落事故。架子工作业不仅对自己而且对他人或周围的设施和人员的人身安全有重大影响，按国家有关规定，施工企业一直把架子工按特殊工种管理。

2. 脚手架的构造与搭设

（1）多立杆式脚手架：

1）多立杆式脚手架基础构造：竹、木脚手架一般将立杆直接埋入土体中，钢管脚手架则不直接埋入土中，而是在整平分层夯实的地表面，垫以厚度不小于 50 mm 的垫木或垫板，然后在垫木（或垫板）上架设钢管底座再立立杆。不论是哪种做法，都应根据地基的允许承载能力而对脚手架基础进行具体设计。地基允许应力为：坚硬土时采用 100～120 kN/m^2；普通老土（包括 3 年以上的填土）时采用 80～100 kN/m^2；夯实的回填土则采用 50～80 kN/m^2。

钢管脚手架基础，根据搭设高度的不同，其具体做法也有所不同，一般区别如下：

① 一般做法：高度在 30 m 以下的，垫木宜采用长 2.0～2.5 m，宽大于 200 mm，厚 50～60 mm 的木板，并垂直于墙面放置；若用长 4 m 左右的垫板，可平行于墙面放置。

② 特殊做法：高度超过 30 m 时，若地基为回填土，除应分层夯实达到所要求的密实度外，还应采用枕木支垫，或在地基上加铺 200 mm 厚的道渣，而后在其上面铺设混凝土预制板，然后再沿纵向仰铺 12～16 号槽钢，再将脚手架立杆架座于槽钢上。

若所搭设的脚手架高于 50 m 时，应在地面下 1 m 深处改用灰土地基，然后再铺枕木。当内立杆处在墙基回填土之上时，除墙基边回填土应分层夯实达到所要求的密实度外，还应在地面上沿垂直于墙面的方向浇筑 0.5 m 厚的混凝土基础，达到所要求的强度后，再在灰土上面或混凝土上面铺设枕木，架设立杆。

2）多立杆式脚手架的主要杆件。

立杆（也称立柱、站杆、冲天杆、竖杆等）：与地面垂直，是脚手架主要受力杆件。它的作用是将脚手架上所堆放的物料和操作人员的全部重量，通过底座（或垫板）传到地基上。

大横杆（也称顺水杆、纵向水平杆、牵杆等）：与墙面平行，作用是与立杆连成整体，将脚手板上的堆放物料和操作人员的重量传到立杆上。

小横杆（也称横楞、横担、横向水平杆、立尺杠排木等）：与墙面垂直，作用是直接承受脚手板上的重量，并将其传到大横杆上。

斜撑：是紧贴脚手架外排立杆，与立杆斜交并与地面成 45°～60°，上下连续设置，形成“之”字形，主要是在脚手架拐角处设置。作用是防止架子沿纵长方向倾斜。

剪刀撑（也称十字撑、十字盖）：是在脚手架外侧交叉十字形的双支斜杆，双杆互相交叉，并都与地面成 45°～60°。作用是把脚手架连成整体，增加脚手架的整体稳定性。

抛撑（也称支撑、压栏子等）：是设置在脚手架周围的支撑架子的斜杆。一般与地面成 60°，并与墙面垂直口作用是增加脚手架横向稳定，防止脚手架向外倾斜或倾倒。

连墙杆：是沿立杆的竖向不大于 4 m，水平方向不大于 7 m 设置的能承受拉和压而与主体结构相连的水平杆件。其作用主要是承受脚手架的全部风荷载和脚手架里、外排立杆产生的不均匀下沉时所产生的荷载。

（2）单排脚手架：

1）单排脚手架的搭设：

① 单排脚手架高度不宜超过 20 m。

② 单排扣件式或螺栓连接的钢管脚手架搭设高度不宜超过 25 m。

③ 竹脚手架以及承插式钢管脚手架不能搭设单排。

④ 单排脚手架不能用于半砖墙、180 mm 墙、土坯墙等墙体的砌筑，在空斗墙上留置架眼时，小横杆下应实砌两皮砖。

2）搭设单排脚手架的操作要求：

① 小横杆在墙上搁置长度不宜小于 180 mm。

② 不应在砌体的下列部位中留置架眼：

a. 砖过梁上与梁成 60° 的三角范围内；

b. 砖柱或宽度小于 740 mm 的窗间墙；

c. 一梁和梁垫下及其左右各 370 mm 的范围内；

d. 门窗洞口两侧 240 mm 和转角处 420 mm 的范围内；

e. 设计图纸上规定不允许留架眼的部位。

如果架眼不大于 60 mm×120 mm 时，可不受上述 b、c、d 的限制。

（3）木脚手架：木脚手架按搭设形式有双排架和单排架两种。

立杆间距、大横杆步距和小横杆间距应根据脚手架的用途、荷载、建筑平面、使用条件等确定。

搭设木脚手架前，先根据建筑的平面形状、长宽尺寸和搭设高度等，确定好搭设形式。清除场内障碍物，根据需要和杆件特征选好立杆、横杆等。应该把根大、梢小的杆子作立杆，直径均匀的杆子作横杆，稍有弯曲的杆子作斜杆。然后，按所确定的立杆距离，用石灰点出各杆的位置。挖坑时，坑深为 300～500 mm，坑底要稍大于坑口，坑口直径要大于立杆直径 100 mm，这样坑内可以容纳较多的回填土，而坑口自然土破坏较少，分层夯实时，有利于把立杆挤紧和埋设牢固。

埋杆前应先将坑底夯实，并在坑底部垫砖石块，以防下沉。待立杆位置找准后立即埋坑，杆周围的土要分层夯实。雨季时，根部要做成土墩以便排水；冬季时，根部应处理平整，以备冻结后使立杆更坚固。

若架子不高或地面为岩石和混凝土不好挖坑时，可不挖坑。如已挖坑，土是松软土，则应沿立杆底部加绑横扫地杆。

上下两根立杆接头处，其搭接长度应不小于1. 5 m，绑扎不少于3道。接头处属于薄弱环节为了保证脚手架的稳定性，相邻立杆的接头应相互错开。如果不好错开，可以加长接头长度，以便在第二根立杆接头时能够错开。

立杆的竖立，应考虑到重心在一条直线上，如果第一接头在左边，第二接头应在右边，第三接头又在左边，其余的依此类推。而且大头朝下，小头朝上，上下垂直，保持重心平衡。如果立杆本身不直，应将其弯曲，弯向架子的纵向，不要弯向里边或外边。

立杆搭设到建筑物顶部时，里排立杆要低于檐口 400～500 mm，外排立杆要高出檐口 800～1 000 mm，以便绑护身栏杆。为了使立杆顶端有足够的断面，最后一根立杆的接头，应将小头朝下，大头朝上，且杆子的多余部分，尽量向下错。

大横杆一般应绑在立杆里面，优点是：脚手板可以铺到边，缩短小横杆的跨距，接长立杆的绑扎斜撑比较方便。缺点是：绑、拆大横杆时，要穿进穿出，递杆子不方便；翻靠边的脚手板时，上一步的大横杆容易碰头，操作很不方便。

大横杆接头处也是一个薄弱环节，为保证总断面尺寸，使大横杆表面尽可能保持水平，接头应大小头搭接，小头放在大头上面，搭接长度不小于 1.5 m，绑扎不少于 3 道。接头位置要上下里外错开，同一步架内，两根大横杆的接头不宜在同一跨间内。

小横杆绑在大横杆上，搭单排架时，小横杆的大头应向里；搭双排架时，大头应向外。靠立杆的小横杆应与立杆绑扎，上下相邻的小横杆应分别绑在立杆的不同侧面，以保证立杆沿纵向的自重能沿中心受荷。小横杆端头伸出大横杆的长度不小于 300 mm。

斜撑：大横杆绑在立杆里面时，斜撑应绑在外排立杆的外面：大横杆绑在立杆外面时，则斜撑应绑在外排立杆里面。

抛撑：脚手架绑在 3～4 步上，就要设置抛撑，间距最大不超过 7 根立杆，抛撑底脚埋入土中厚度至少 200 mm。

剪刀撑：双排或单排脚手架，应在每层隔 15 m 左右的地方及山墙部位设置剪刀撑，从下到上连续设置，剪刀撑与大横杆、立杆的交点均应全部绑扎。

脚手板：在施工层上铺设脚手板，对于双排架，墙与里排立杆之间一般铺两块板，宽度 400～500 mm，作为砌筑工操作区。里外立杆之间应满铺脚手架，这是堆放材料及运输通道区。为了便于处理接头，使并列在一起的脚手板长度一致。脚手板的接头为搭接时，必须搭在小横杆上，板的端头超出小横杆长度不应小于 200 mm，搭接方向要符合脚手架的运输方向，使重车下台阶，空车上台阶。脚手板对接时，板面应平整，接头下面设两个小横杆，并使板端距小横杆不大于 200 mm，否则容易造成探头板，两步以上的脚手架周边要搭设 1.0 m 高有两道护身栏杆和 180 mm 高的踏脚板。

（4）扣件式钢管脚手架：扣件式钢管脚手架由钢管和扣件组成。其特点是装拆方便，搭设灵活，能适应建筑物平面的变化，强度高，坚固耐用。

扣件式钢管脚手架是由许多钢管杆件用扣件连接而成，其主要杆件有底座、立杆、大横杆、小横杆、十字撑等，基本构造形式与木脚手架相同，有单排架和双排架两种。

扣件和底座的基本形式有：

直角扣件（十字扣），用于两根呈垂直交叉钢管的连接；

旋转扣件（回转扣），用于两根呈任意角度交叉钢管的连接；

对接扣件（简扣、一字扣），用于两根钢管对接连接。

底座：用于承受脚手架立柱传递下来的荷载，用可锻铸铁制成，或用厚 8 mm，边长 150 mm 的钢板作底板，上焊外径 60 mm，壁厚 3.5 mm，长 150 mm 的钢管作套筒而成。

扣件式钢管脚手架构造参数见表 4-5。

表 4-5　扣件式钢管脚手架构造参数　　单位：m

用途	构造形式	水平运输条件	立杆间距		操作层大横杆间距	大横杆步距	小横杆挑向墙面的悬臂长
			横向	纵向			
砌筑	单排	不推车	1.2～1.5	≤2.0	≤1.0	1.2～1.4	—
	双排	推车	1.5	≤1.5	≤0.75	1.2～1.4	0.45
装修	单排	不推车	1.2～1.5	≤2.0	≤1.5	1.5～1.8	—
	双排	推车	1.5	≤1.5	≤1.0	1.6～1.8	0.4

注：最下一步的步距可放大到 1.8 m。

立杆的接头，相邻杆要错开，布置在不同步距内，其接头距大横杆的距离不要大于步距的 1/3；立杆的垂直偏差，当架高在 30 m 以下时，不大于架高的 1/200；架高在 30 m 以上时，不大于架高的 1/400～1/600，同时全高垂直偏差不大于 100 mm。

上部单立杆与下部双立杆中的一根对接，则该杆承受全部上部（单立杆部分）荷载的 70%以上和下部荷载的一半；上部单立杆与下部 2 根双立杆的底部要支于小横杆上，然后立于立杆与大横杆的连接扣件之下加设 2 道扣件（扣在立杆上），且 3 道扣件紧接，以加强对大横杆的支持力。这种连接方式下的 2 根立杆荷载相同。

立杆与大横杆要用直扣件扣紧，不能隔步设置或遗漏，若用双立杆，应都用扣件与同一根大横杆扣紧；当架高超过 30 m 时，要从底部开始，将相邻两步架的大横杆错开布置在立杆的内、外侧，以减少立杆偏心受载情况；且同一排大横杆的水平偏差不得大于该片架总长的 1/300，并不能大于 50 mm。

小横杆应贴近立杆布置（对于双立杆，则设置在双立杆之间），用直角扣件与大横杆扣紧，当是单立杆时，上下层小横杆应沿立杆左右侧布置，并在两立杆之间根据需要加设 1～2 根小横杆；随着架子的搭设高度不宜拆除贴近立杆的小横杆。

剪刀撑：当架高度在 30 m 以上时，要在两端设置，中间每隔 12～15 m 设一道，且剪刀撑应联系 3～4 根立杆，并与地面夹角为 45°～60°。30 m 以上的架子，需沿脚手架两端和转角处设置剪刀撑外，每隔 7～9 根立杆要设一道，且每片架子应不少于 3 道，上述所有剪刀撑应沿架高连续设置。在相邻两道剪刀撑之间，沿竖向每隔 10～15 m 高加设一组长剪刀撑，要将各道剪刀撑连接成整体。剪刀撑的两端除用旋转扣件与脚手架的立杆或大横杆扣紧外，中间还要增加 2～4 个扣结点，与之相交的立杆或大横杆扣紧。

连墙杆要设置在框架梁或楼板附近等具有较好抗水平力作用的结构部位，其垂直距离不大于 4 m，不大于 3 个大横杆步距；水平距离为 4.5～6.0 m，不大于立杆的 4 个纵距。

水平斜拉杆应布置在连墙杆的步架平面内，以便加强横向刚度。

3. 工具式脚手架

通常是把从地面搭起的多立式脚手架以外的架子称为工具式脚手架。其种类很多，主要有桥式脚手架，挂、吊、挑脚手架等。

（1）桥式脚手架：桥式脚手架由基础、立杆和桥体组成。桥架最大的跨度不超过 12 m，起拱高度为跨度长的 3/1 000，桥体结构截面积和宽度不小于 650 mm×800 mm，桁架采用等节间距的空间抗扭杆体系，做成多段组合体。桥体工作台外侧应设超过作业面 1.5 m 以上的护身栏和 180 mm 高的挡脚板，护身栏应与桥体有牢固的连接。

桥架立柱应与建筑物刚性拉结，拉结的最大垂直间距不大于 4 m，转角处两立柱间也要互相拉结。

桥架须设两套防坠落的安全装置，其中一套为自动保护应急装置，具有防断绳、脱钩的功能。

（2）挂脚手架：挂置在建筑物的柱子或墙上的脚手架称为挂脚手架。挂脚手架主要用于外装饰施工。

1）构造形式：附墙挂脚手架有三角形挂架和矩形挂架两种，其主要组成部分是挂钩在砖墙或柱上的挂架，在各挂架之间铺设脚手板。三角形挂架每使用一步架高要移挂一次。矩形挂架由于在上下水平杆上都可以铺设脚手板，所以每使用 2 步高要移挂一次。挂架可用钢管、钢筋或角钢焊成，上下水平杆端头焊有挂钩，下水平杆（或斜杆）端头焊有支撑钢板。挂架宽度约 1 m，矩形挂架高约 1.8 m，三角形挂架高约 1.0 m，如图 4-8 所示。

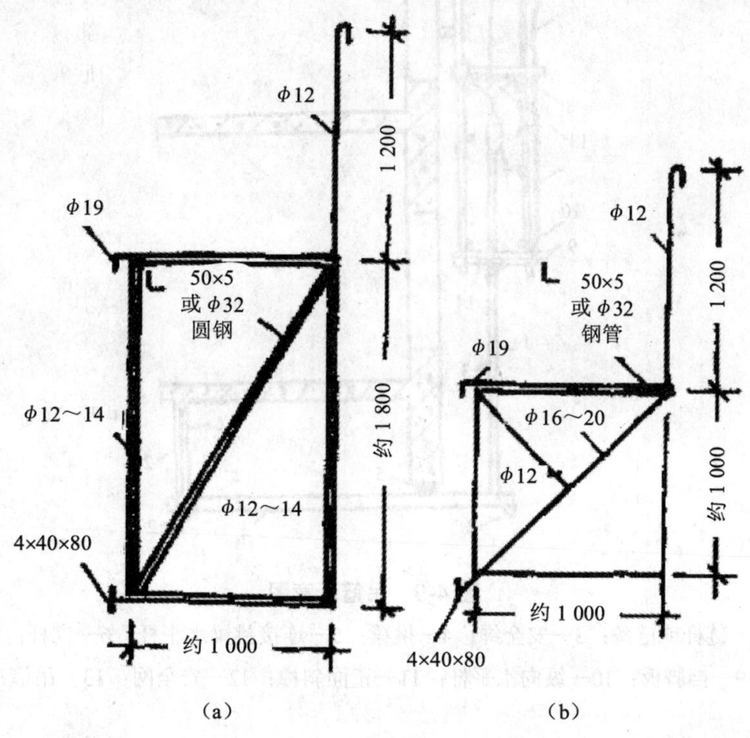

图 4-8 挂架

（a）矩形挂架；（b）三角形挂架

2）安全要求：挂架子在每次使用前或移动架子时，要认真检查焊缝质量。在架子上不得堆放材料，如堆放材料，应经技术人员进行计算几荷载试验后方可堆放。

操作人员上下架子要轻，不得从高处往下跳。挑环挡杆需用砌体压住，要注意经常检查，发现有裂纹、变形或损坏的挡杆，要及时挑出，不准使用。装三角挂架时，一定要使挂钩插到底，底端支撑板一定要与墙面紧贴。在提升工作进行时，周围不得有闲人进入，以确保安全。每提升一步后，要经仔细检查方能继续使用。

（3）吊篮脚手架：吊篮脚手架是通过特设的支撑点，利用吊索悬吊架或吊篮进行砌筑或装修工程操作的一种脚手架。

1）吊篮：

①构造及技术要求：提升式吊篮主要适用于高层建筑及需要上下交叉作业的外装饰工程施工。它是由悬挂部件（挑梁、固定螺栓、钢丝绳）、手扳葫芦和吊篮等组成，通过手扳葫芦可任意升降，如图 4-9 所示。

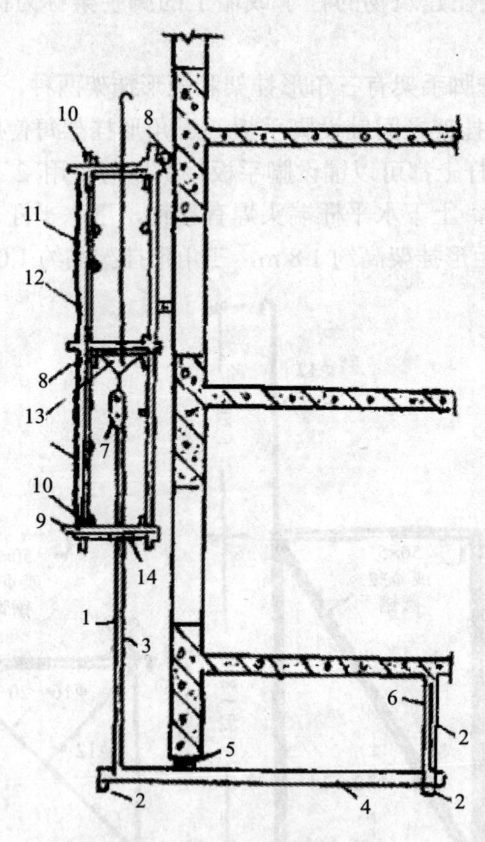

图 4-9 吊篮示意图

1—钢丝绳；2—链杆或链条；3—安全绳；4—挑梁；5—连接挑梁水平杆；6—立杆；7—手扳葫芦；8—手拉葫芦；9—挡脚板；10—纵向水平杆；11—正面斜撑；12—安全网；13—吊篮吊钩；14—吊篮

吊篮可根据工程需要来设计，分单层和双层两种，单层吊篮高 2 m 左右，双层吊篮高 4 m 左右，吊篮宽约 1 m，长为房间开间大小。矩形架立管间距要控制在 2 m 之内，单层吊篮至少设 4 道横管，双层至少设 6 道横管。吊篮一般长度不得超过 6 m，如工作条件特殊需要增加长度时，必须经技术部门批准。长度在 6 m 以下的吊篮，要设 3 个吊点；如特殊需要搭设 6 m 以上的吊篮，每增加 2 m，要增设一个吊点，吊点要分布均匀；长度在 3 m 以下的可设 2 个吊点，但吊篮作业人员要系安全带。

②安全要求：单双层吊篮跳板必须满铺，小横管间距不得超过 0.75 m，两端要用扣件固定，吊篮外皮要绑着防护管，挂上围网后，里面要绑一道防身栏。吊篮顶部要设防护层，防护层距作业脚手扳不得小于 2 m，防护层要用小眼尼龙网。

采用手扳葫芦为吊具的吊篮，钢丝绳穿好后，必须将保险保险搬把拆掉，系牢保险绳，用保险卡子代替保险绳时，保险卡子的拉把不准与主绳捆绑在一起，并将吊篮与建筑拉牢。

2）吊架：

① 构造与技术要求：吊架由角钢焊成，分上下两孔，下孔支撑操作台，上孔作为通行。在吊架底部装有滚轮，可沿墙面滚动。在吊架顶部焊有套管，用来穿吊架绳及安全绳。掉架子外侧焊有两个栏杆支钩，用来支撑扶手。吊架子的套拉筋可用圆钢制作，但必须与吊架框焊牢。吊环用来钩挂手扳葫芦，如图 4-10 所示。

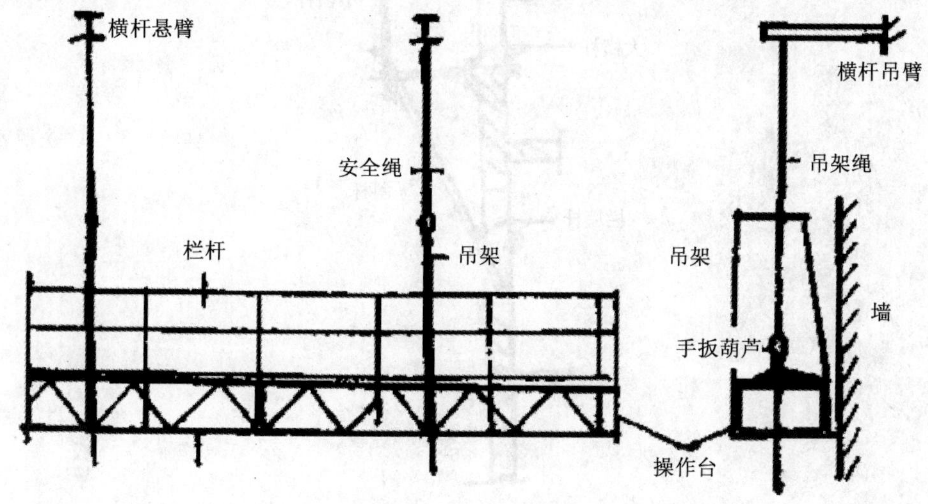

图 4-10　提升式吊架

操作台是由两榀桁架横向同角焊接而成，桁架一般用 40 mm×4 mm 或 50 mm×5 mm 的角钢作上弦，直径 16 mm 的钢筋作腹杆，横向连接角钢一般用 70 mm×7 mm。操作台的两端面留有栓孔，转角处的操作台侧面也留有栓孔，以便两操作台之间用螺栓连接，组合成长条形及 L 形，以满足不同楼型需要。在操作台外侧的上、下弦焊有套管，以便装插栏杆立柱。操作台的外包尺寸要比吊架下孔的净尺寸略小一些，这样可以将操作台穿入吊架孔内。

栏杆立柱用钢管制成，下节略细，可插入操作台外侧的套管中。上节较粗，焊有钢筋支钩。扶手一般采用钢管或钢筋，搁入支钩内。

升降设备用手扳葫芦。通过手扳葫芦的吊架绳其上端系牢与横杆悬臂上，另一端系牢与吊架的吊环上，以保证吊装的使用安全。

脚手板一般做成 100 cm×50 cm 的定型板，满铺于操作台上面。

② 安全要求：提升式吊架现在地面上组装好，挂上手扳葫芦，系好吊架绳及安全绳，而后同步摇升吊架到使用高度，把安全绳拉紧卡牢，即可使用。

下降时，先将安全绳放长到要求长度并卡牢后，再同步摇降吊架到使用高度。

其他使用要求与提升式吊篮基本相同。

提升式吊架要求两面同时使用，否则会由于重量不平衡而使吊架摔落。提升或下降时，要力求同步，摇动手扳葫芦的速度要一致，使各吊架同时平稳地上升或下降。下降时，各安全绳放长的长度要相等，这样才能保证操作台水平和使用安全。

（4）挑架子：挑架子主要适用于屋面檐口部位装饰施工。它可从窗口向外挑出搭设，有立杆、大横杆、小横杆、斜杆及栏墙杆等组成，如图 4-11 所示。

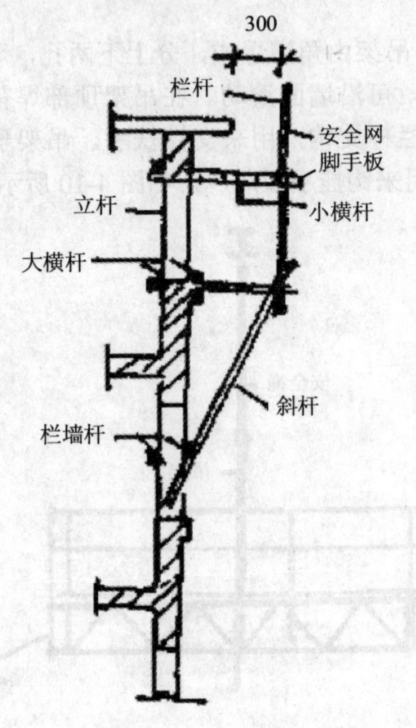

图 4-11　挑架子

挑架子中的斜杆与墙面夹角应不大于 30°。护墙栏杆距檐口外缘应不大于 50 cm。横杆步距约为 1.2 m。斜杆可撑在窗洞墙上，也可伸进房内着地。

如墙上无窗口，则应预先在墙上留洞或预埋钢筋环，使斜杆底端能支撑住。

挑架子的立杆、大横杆、斜杆等可用木或竹杆，小横杆可采用钢管。

搭设挑架子时要先立好室内的 2 根立杆，绑上室内墙杆。下层由一人将斜杆从窗口伸出向上送，上层一人将小横杆一头与斜杆顶端绑牢，推出窗口，并使斜杆底端支在窗台上，再把小横杆另一头与室内栏墙杆绑牢，同时把斜杆底端的 2 根墙栏杆与斜杆互相绑牢，然后把墙外侧的大横杆与小横杆绑牢，铺上几块脚手板，即可绑架子外侧的大横杆及护身栏杆。窗口部分的架子绑稳固后，再补铺窗间墙外面的脚手板。

（5）扣件式钢管插口架：插口架子适用于内浇外挂、内浇外砌和框架结构施工，又可作为结构施工的外防护或人行通道使用。

1）构造与技术要求：

插口架子的基本部分是由立杆、小横杆、别杠、穿墙钩（或预埋吊环）、木方、木板等组成示。

组合插口架子应使用外径为 48 mm，壁厚为 3～3.5 mm 的钢管为宜。采用焊接的定型边框为立杆时，其立杆间距不得大于 2.5 m，因特殊情况长度超过 3 m 时，大面要打斜戗。采用钢管组合时，其立管间距不得大于 2 m，大小面均需打斜戗，架子两端头必须有边框或立管。

插口架子的宽度以 0.8～1.0 m 为宜，高度不能低于 1.8 m，最少要设 3 道大横杆。

架子铺设的跳板应用 25～150 mm 厚的木板，上下两步脚手板要铺平、铺严、固定牢。下步要挂满安全网，两步都要绑护身栏，小横杆应用 48 mm 的钢管为准，别杠至少长出窗口 48 cm，架子所挂的立式安全网，宜用网眼小于 4 cm 的小眼网。沿插口架外皮高度至少高出施工面 1.0 m。横杆间距不得大于 1.5 m，并加绑十字横杆管。安全网要从上至下挂满封严，并且每步脚手板的下脚应封死绑牢。

2）安全要求：

① 就位：插口架子安装就位后，架子之间的间隙不得大于 100 mm，间隙处应用连接板，立管外侧用安全网封严；施工中因建筑物的形式过施工分段造成插口架子高低错开时，应及时将错开的小面封死。

② 提升：插口架子的提升，应采用搭式起重机吊送，提升中不准使用吊钩，必须用卡环吊运。插口架子的插口用扣件连接的要用双扣件，焊接的应用钢筋兜焊加固。别杠要别于窗口的上下口，每边长于所别实墙 200 mm，并与插口杆绑牢。别杠长以 2 m 为宜。凡内浇外砌工程，必须严禁外墙受力，遇此情况应使用钢丝绳和花兰螺栓将插口架和室内钢筋混凝土墙连接牢固。

③ 特殊部位的处理：

a. 建筑物山墙无窗时，可采用预埋环或穿墙钩，要加垫木板，用螺丝与墙体拧牢。穿墙钩与吊环的各自间距不大于 2 m，并应有防脱钩的措施，里排立杆上端受力处要加一个保险扣件，防止受力脱落。

b. 阳台栏板能随结构一起安装的工程，在阳台正面设插口架子时，应在室内用斜别杠固定插口架，别杠向墙高倾斜 70°～75°。如果阳台无法使用插口架子时，应用单排架子做好防护。单排架子高度要与插口架子保持一致，每层阳台与插口架子之间要用盖板过安全网封严。凡建筑物转角处的插口架子，应将两面相邻的架子用安全网交圈封严。插口架子的负荷量（包括活荷载）一般不得超过 12MPa。

4. 里脚手架

（1）多立杆式满堂脚手架：一般在单层厂房、礼堂、剧院、大餐厅等的平顶施工中采用。

平顶施工构造参数见表 4-6，抹灰脚手架见表 4-7。

表 4-6　平顶施工满堂脚手架构造参数　单位：m

用　途	立杆纵横间距	横杆竖向步距	纵向水平拉杆设置	操作层小横杆间距	靠墙立杆离开墙面的距离	脚手板铺设	
						架高 4 m 内	架高大于 4 m
一般装修用	≤2.0	≤1.7	两侧每步一道，中间每两步一道	≤1.0	0.5～0.6	板间空隙不大于 0.2	满铺
承重较大时用	≤1.5	≤1.4	两侧每步一道，中间每两步一道	≤0.75	根据需要定	满铺	满铺

表 4-7 满堂抹灰脚手架构造参数 单位：m

立杆纵横间距	横杆竖向步距	纵向水平拉杆设置	操作层小横杆间距	靠墙立杆离开墙面的距离	脚手板铺设	
					架高 4 m 内	架高大于 4 m
≤2.0	≤1.6	两侧每步一道，中间每两步一道	≤1.0	0.5～0.6	板间空隙不大于 0.2	满铺

（2）马凳式里脚手架：马凳式里脚手架是沿墙面摆设若干马凳，在马凳上铺脚手板所组成。架设间距为砌筑时不超过 2 m，粉刷时不超过 2.5 m，可搭设两步，第一步为 1 m，第二步为 1.65 m。

马凳支在底层地面上时，应先将土层夯实，并铺设厚 40 mm 的垫板。马凳支在楼板上时，也应在凳脚下垫上垫板。如为预制楼板，垫板应与预制板搁置方向垂直。

马凳靠墙的一端要使凳脚靠紧墙面，马凳要与墙面垂直，脚手板要与马凳相垂直。在支设第二步马凳时，应在第一步上留通常两块脚手板用作支马凳用，两步马凳上下要对齐。为了保持稳固，马凳之间必须用斜撑绑在凳脚上，互相拉住。

（3）钢管三角架升降式里脚手架：钢管三角架升降式里脚手架的基本构造和搭设方法如下：

套管式支柱：插管插入立柱中，以销孔间距调节高度，插管顶部的 U 形支托搁置横杆以铺设脚手板，架设高度为 1.57～2.17 m。

承插式钢管支柱：架设高度为 1.2 m、1.6 m、1.9 m，支架设在第三步时要加销钉以保安全。

伞脚折叠式支柱：是由主管（伞形支柱）、套管、横梁或桁架组成。

主管下端有如伞骨支脚，可以撑开或收拢，主管上有销孔，套管可在立管上升降，以调节架设高度，这种里脚手架可以根据需要架设单排支柱或双排支柱。架设单排支柱时使横梁的一端（加焊角钢的一端）搁在砖墙上。另一端插在套管上的承插管内，这样的搭设方法主要使用于砌墙，架设双排支柱时应用桁架作横梁，既可砌墙又可进行粉刷、装饰作业。

伞形支柱的架设间距，砌墙时为 2 m，粉刷时为 2.5 m。

5. 特殊部位脚手架及高层脚手架卸荷措施

（1）斜道：斜道一般有推车搬运斜道和人员上下的行人斜道。

推车搬运运料斜道宽度不小于 2 m，坡度为 1∶7（高∶长）。

人行斜道分人行之字斜道和元宝斜道两种。其宽度不得小于 1.5 m，坡度 1∶3（高∶长）。

绑斜道时应先立里排立杆（一般里排架利用原有的外排架子），绑到需要的标高后，再立外排架子。外排架子要绑到和里排架子相同标高，里排架子在绑扎时要预留上架子或上楼层的通道口。两排架子步距的大横杆必须在同一水平面上，为了保持斜道的整体稳定，两排架子纵向均必须设置十字撑，横向两排架子两端要设剪刀撑（剪子股），行人之字斜道铺两块跳板，中间设置扶手，并用围网封严。

浇混凝土及走水泥车的单坡度斜道，每隔 5 根立杆（立管）应设一道剪刀撑（剪子股），斜道两侧也要绑扶手、栏杆，并用围网封严。对于搬运重量大或有特殊要求的斜道，要经技术部门计算后绑扎，斜道跳板应满铺对头板，接头处应用铁锔子钉牢。任何斜道都必须钉防滑条，间隔应小于 300 mm。防滑条厚为 20 mm。回头跳板的宽度应大于 500 mm，但不小于 2 块跳板的宽度。回头跳板挑空超过 2 m 时，应设支撑，并以同样高度设扶手、栏杆，周围用网封严。

浇混凝土走水泥车的单坡斜道缓步平台，其宽度为 2 m，长为 4 m，搭设时要先绑好铺跳板的大横杆（管）。大横杆长以 4.2 m 为准。绑好后，再绑中间不出头立杆，然后再绑铺板的小横杆。小横杆不准露头，以免妨碍工作。平台板子的铺设不准横铺，一律顺铺，以减少单块跳板的受力面积，增加缓步平台的荷载。

（2）特殊部位脚手架的处理：

1）过门洞的处理：过门洞时，不论单、双排脚手架均可挑空 1～2 根立杆，即在第一步大横杆处断开。将立杆从第二步大横杆绑起，此处大横杆若用钢管时，宜用双根。用木竹杆时，小头直径不宜小于 120 mm。

在悬空的立杆处用斜杆撑顶，逐根连接 3 步以上的大横杆，以使荷载分布在两侧立杆上，斜杆下端与地面夹角要成 60° 左右，如图 4-12 所示。凡斜杆与立杆、大横杆相交处均应扣接或绑扎。

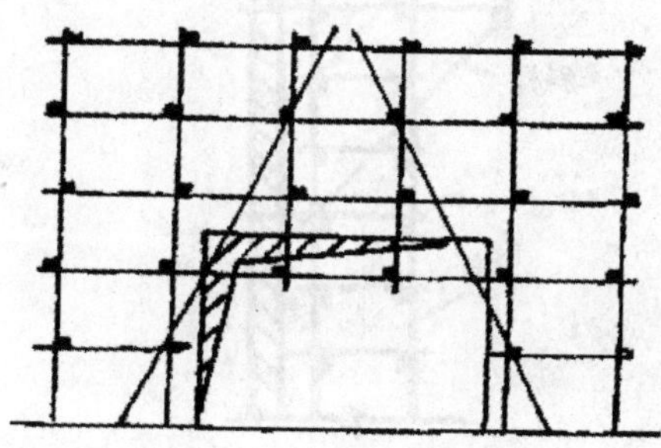

图 4-12　单、双排过门洞立面

2）过窗洞的处理：单排脚手架遇窗洞时，可增设立杆或设一根短大横杆，将荷载传递到两侧的小横杆上，如图 4-13 所示。

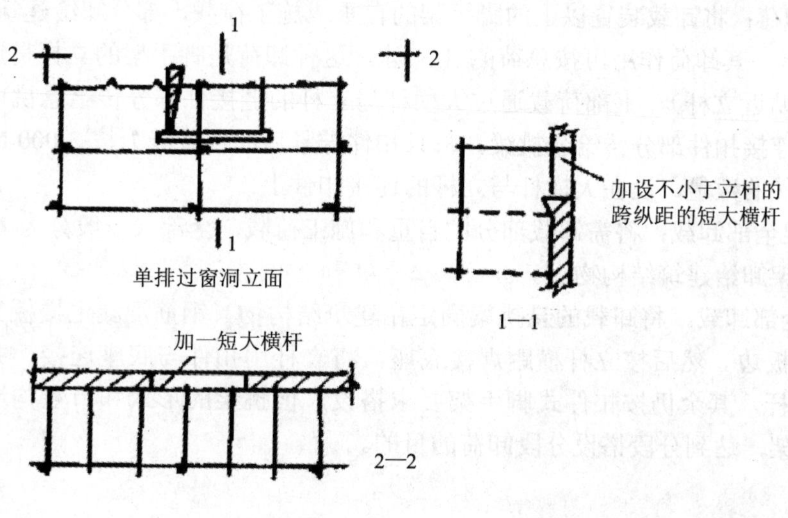

图 4-13　窗洞口搭设示意图

若窗洞宽度超过 1.5 m 时，应在室内加设立杆（底部加铺垫木）和大横杆来承担小横杆传来的荷载。

3）建筑物凸出部位脚手架的处理：对于较大的挑檐和其他凸出部分用杆件搭设挑脚手架进行施工，挑出部分宽度及斜立杆间距均不大于 1.5 m，斜立杆底端应与前面顶牢，且挑出架与原架的过渡段至少应设 3 道大横杆。在外侧面和两端要设置剪刀撑或八字撑，并在临空面设置栏杆及挡脚板，原有杆件绑扎须用双股铁丝绑扎。在使用这种脚手架时，要严格控制每平方米不应超过 1 000 N。如需要承受较大的荷载时，应利用门窗洞或墙内预埋吊环对斜杆顶端进行拉结，如图 4-14 中虚线所示，其间距按计算规定。

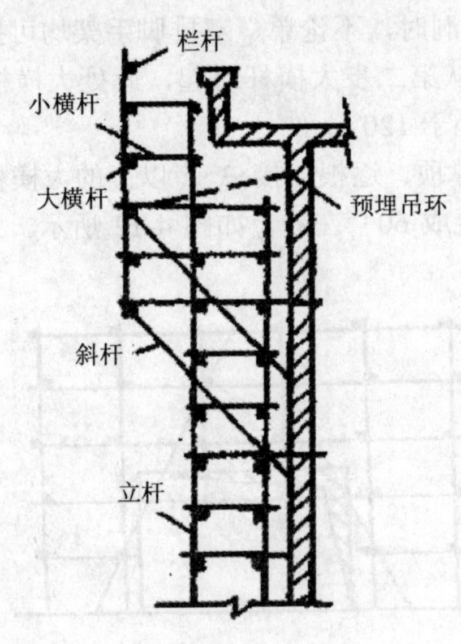

图 4-14 挑檐脚手架

（3）高层脚手架的卸荷措施：

1）挑脚手架的卸荷：

① 部分卸荷：将卸载装置以上的脚手架的自重或施工荷载，部分卸给建筑结构承担，如图 4-15 所示，其卸荷作用可按总荷的 1/3 计。这种卸荷是脚手架的立杆贯通，悬挑梁支托大横杆（贴近立杆），上部荷载通过大横杆与立杆的链接件部分传给悬挑梁。每只扣件拧紧后的杆连接扣件部分传给悬挑梁。每只扣件拧紧后的传载能力按 3 000 N 计，并可视需要增加扣件的数量，设在大横杆与立杆的连接扣件上。

② 斜挑架全部卸载：将需卸载部分的自重和施工荷载，全部（一般分为 6 层左右）荷载用斜挑梁架卸给建筑结构物上。

③ 挑梁全部卸载：将卸载的悬挑梁固定在建筑结构物（钢筋混凝土楼板）上，另一端悬挂挑出楼板边。然后按立杆横距焊接底座，将立杆用扣件与底座连接，并于底座扣件顶设置大横杆，其余仍按扣件式脚手架要求搭设，但挑梁的形式和节点构造具体做法见挑梁式脚手架，达到分段搭设分段卸荷的目的。

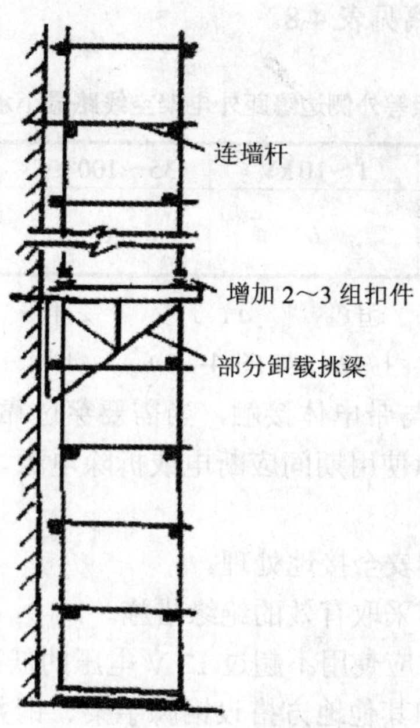

图 4-15 部分卸荷示意图

2）吊拉脚手架卸荷：用钢丝绳将要卸荷处的大横杆与立杆的交接点处吊于上部梁板结构上，达到分段卸荷的目的，但应注意大横杆与立杆交接点的顶部，应根据卸荷的要求连续紧扣 2～3 个扣件。

用钢丝绳将挑出端的端点，吊拉于上部结构的梁板边梁上，其余仍按挑梁卸荷搭设，挑梁和吊拉的节点构造见悬挂式挑梁与结构的连接做法，最后仍达到分段搭设和分段卸荷的目的。

6. 脚手架的使用与防雷防电措施

（1）脚手架的使用：

1）设置供操作人员使用的安全扶梯、爬梯或斜道。

2）搭设完毕后进行检查验收，经检查合格后才准使用，特别是高层脚手架和特种工程脚手架更应该进行严格的检查后才准使用。

3）严格控制各式脚手架的施工使用荷载，特别是对于吊、挂、挑、桥式脚手架更应该严格控制施工使用荷载。

4）在脚手架上同时进行多层作业的情况下，各作业层之间应设置可靠的防护棚（在作业层下挂棚布、竹笆或小孔绳网等），以防止上层坠物伤及下层工作人员。任何人不准私自拆改架子。

遇有立杆沉沉陷或悬空，节点松动，架子歪斜，件杆变形，脚手板上结冰等问题未解决以前停止使用脚手架。

5）遇有 6 级以上的大风、大雾、大雨和大雪天气暂停脚手架作业，雨雪后进行操作要有防滑措施，且复工前必须检查无问题后方可继续作业。

（2）钢脚手架的防电、避雷措施：

1）防电：钢独杆提升架、钢龙门架、钢井架、钢脚手架等，不应搭设在外电架空线路的安全距离以内，其安全距离见表4-8。

表4-8 脚手架等外侧边缘距外电架空线路最小水平安全距离

外电线路电压	1 kV 以下	1～10 kV	35～100 kV	154～220 kV	330～550 kV
最小安全水平距离/m	4	6	8	10	12

注：木、竹脚手架应遵守本表规定。

搭设和使用期间，要严防与带电体接触，当需要穿过靠近 380 V 以内的电力线路，距离线路在 2 m 以内，搭设和使用期间应断电或拆除电源。如不能拆除，应采取下列可靠措施。

① 对脚手架要采取可靠的安全接地处理。

② 对电线和钢脚手架分别采取有效的绝缘措施。

③ 夜间或深基础施工时，应使用不超过 12 V 电压的低压电源。

2）避雷：在旷野、山坡和其他地方搭设钢脚手架、钢井架、钢龙门架、钢独杆提升架、运拉的塔吊等，应设避雷装置，包括避雷器、避雷线。

7．脚手架的维修、验收和拆除

（1）脚手架的维修加固。

脚手架大部分时间在露天使用，施工周期比较长，并且长时间受日晒、风吹、雨淋，再加上碰撞、超载及变形等多种原因，导致脚手架出现杆件断裂，扣件和绳结松动，架子下沉或歪斜等情况，不能满足施工的正常要求。为此，需要及时进行维修加固，从而达到坚固、稳定，确保施工安全要求。故凡是有杆件、扣件和绑扎材料损坏严重者，要及时更换、加固，以保证架子在整个使用过程中的每个阶段都能满足其结构、构造的使用要求。

维修加固的材料应与原架子的材料及规格相同，禁止钢木、钢竹混用；禁止扣件、绳索、铁丝和生竹篾混用。维修加固要与搭设一样，严格遵守安全技术操作规程。

（2）脚手架的验收。

架子搭设和组装完毕，在投入使用前应逐层、逐流水段由主管工长、架子工班组长和专职技术安全员一起组织验收，并填写验收单，内容如下：

1）架子的布置：立杆、大小横杆间距。

2）架子的搭设和装组，包括工具架和起重点的选择。

3）连墙点或与结构固定部分是否安全可靠；剪刀撑、斜撑是否符合要求。

4）架子的安全防护：安全保险装置是否有效；扣件和绑扎拧紧程度是否符合规定。

5）脚手架的基础处理、做法、埋置深度必须正确可靠。

6）脚手架的起重机具、钢丝绳、吊杆的安装等是否安全可靠，脚手板铺设是否符合规定。

（3）脚手架的拆除。

1）脚手架拆除时应划分作业区，周围设绳绑围栏或竖立警戒标志；地面应设专人指挥，禁止非作业人员入内。

2）拆脚手架的高处作业人员应戴安全帽、系安全带、扎裹脚、穿软底鞋才允许上架作业。

3）拆除顺序应遵守由上而下，先搭后拆、后搭先拆的原则。先拆栏杆、脚手板、剪刀撑、斜撑，再拆小横杆、大横杆、立杆等，并按一步一清原则一次进行，严禁上下同时进行拆除作业。

4）拆立杆时，要先抱住立杆再拆开后两个扣，拆除大横杆、斜撑、剪刀撑时，应先拆中间扣，然后托住中间，在解端头扣。

5）连墙杆应随拆除进度逐层拆除，拆抛撑前，应用临时支撑住，然后才能拆抛撑。

6）拆除时要统一指挥、上下呼应、动作协调，当解开与另一人有关的结扣时，应先通知对方，以防坠落。

7）大片架子拆除后所预留的斜道、上料平台、通道、小飞跳等，应在大片架子拆除前先进行加固，以便拆除后确保其完整、安全和稳定。

8）拆除时严禁撞碰脚手架附近电源线，以防止事故发生。

9）拆除时不能撞碰门窗、玻璃、水落管、房檐瓦片、地下明沟等。

10）拆下的材料应用绳索拴住，利用滑轮徐徐放下，严禁抛掷。运至地面的材料应按指定地点，随拆随运，分类堆放，当天拆当天清，拆下的扣件或铁丝要集中回收处理。

11）在拆架过程中，不能中途换人，如必须换人时，应将拆除情况交代清楚后方可离开。

12）拆除烟囱、水塔外架时，禁止架料碰端缆风绳，同时拆至缆风绳处方可解除该处缆风绳，不能提前解除。

二、模板工程

1. 一般要求

（1）模板施工前的安全技术准备工作：模板施工前现场负责人要认真审查施工组织设计中关于模板的设计资料，主要审查以下项目：

1）模板结构设计计算书的荷载取值，是否符合工程实际，计算方法是否正确，审核手续是否齐全。

2）模板设计图包括结构构件大样图及支撑体系，连接等的设计是否安全合理，图纸是否齐全。

3）模板设计中安全措施是否齐全。

模板运到现场后，要认真检查构件和材料是否符合设计要求，例如钢模板构件是否有严重锈蚀或变形，结构焊缝或螺栓是否符合要求。木料的材质以及木构件拼接接头是否牢固等。如果是自己加工的模板构件，特别是承重钢构件其检查验收手续必须齐全。同时要考虑模板工程施工中现场的不安全因素，要保证运输安全，做到现场防护设施齐全。在土地面的支模场地必须平整夯实。要做好夜间施工照明的准备工作，电动工具的电源线绝缘、漏电保护装置要齐全，做好模板垂直运输的安全施工准备工作。

现场施工负责人在模板施工前要认真向有关人员进行安全技术交底，特别是新的模板工艺必须经过试验，并培训操作人员。

（2）保证模板工程施工安全的基本要求：模板工程作业在 2 m 和 2 m 以上时，要根据高空处作业安全技术规范的要求进行操作和防护，要有安全可靠的操作架子，在 4 m 以上或 2 层及 2 层以上操作时周围应设安全网、防护栏杆。在临街机交通要到地区施工区设警示牌，避免伤及行人。操作人员上下通行，必须通过马道、乘人施工电梯或上人扶梯等，不许攀登模板或脚手架上下，不许在墙顶、独立梁及其他狭窄而又无防护栏的模板面上行走。在高处作业架子上、平台上一般不宜堆放模板料，必须短时间堆放时，一定要码平稳，不准堆得过高，必须控制在架子或平台的允许荷载范围内。高处支模工人所用工具不用时要放在工具袋内，不能随意将工具、模板零件放在脚手架上，以免坠落伤人。

雨季施工时，高耸结构的模板作业要装避雷设施，其接地电阻不得大于 4 Ω，沿海地区要考虑抗风和加固措施。

冬季施工时，对操作地点和人行道的冰雪要事先清除掉，避免人员滑倒摔伤。5 级以上大风天气，不宜进行大规模板拼装和吊装作业。

注意防火，木料及易燃保温材料要远离火源堆放，采用电热养护的模板要有可靠的绝缘、防漏电和接地保护装置，应按电气安全操作规范要求操作。

在架空输电线路下进行模板施工，如果不能停电作业，应采取隔离防护措施，其安全操作距离应符合表 4-9 的要求。

表 4-9　架空输电线路下作业的安全操作距离

输电线路电压	1 kV 以下	1～20 kV	35～110 kV	154 kV	220 kV
最小安全操作距离/m	4	6	8	10	15

吊运模板的起重机任何部位和被吊物件边缘与 10 kV 以下架空线路边缘最小水平距离不得小于 2 m。如果达不到这个要求，或者施工操作距离达不到表 4-9 的要求，必须采取防护措施，增设屏障、遮栏、维护或保护网，并悬挂醒目的警示牌。在架设防护设施时，应有电气工程技术人员或专业人员负责监护。如果防护设施无法实现时，必须与有关部门协商，采取停电、迁移外电线路，否则不得施工。

夜间施工，必须有足够的照明，照明电源电压不得超过 35 V。各种电源线应用绝缘线，并不允许直接固定在钢模板上。

模板支撑不能固定在脚手架或门窗上。避免发生倒塌或模板位移。

液压模板及其他特殊模板应按相应的专门安全技术规程进行施工准备和作业。

2. 模板安装的安全技术

（1）普通模板安装的安全技术：

1）基础及地下工程模板：基础及地下工程模板的安装，应先检查基坑土壁边坡的稳定情况，发现有塌方的危险时，必须采取加固安全措施后，才能开始作业。操作人员上下基坑时要设扶梯。基坑（槽）上口边缘 1 m 以内不允许堆放模板构件和材料。向坑边运送模板如果不采用吊车，应使用溜槽或绳索运送时要有专人指挥，上下呼应。模板支撑支在土壁上，应在支点加垫板，以免支撑不牢或造成土壁坍塌。地基上支立柱应垫通长板。采用起重机运模板材料时，要有专人指挥，被吊的材料模板要困牢，避免散落伤人，重物下方的操作人员要避开起吊臂下方。分层分阶的柱基支模，要待下层模板校正并支撑牢固后，再支上一层的模板。

2）混凝土柱模板工程：柱模板支模时，四周必须设牢固支撑或用钢筋、钢丝绳拉结牢固，避免柱模整体歪斜甚至倾倒。柱箍的间距及拉结螺栓的设置必须依模板设计要求做。模板在 6 m 以上不宜单独支模，应将几个柱子模板拉结成整体。

3）混凝土墙模板工程：安装墙模板时，应从内、外墙角开始，向相互垂直的两个方向拼装，连接模板的 U 形卡要正反交替安装，同一道墙（梁）的两侧模板应同时组合，以便确保模板安装时的稳定。当墙螺栓、斜撑等全部安装紧固稳定。当下层模板不能独立安设支撑件时，必须采取可靠的临时固定措施，否则严禁进行上一层模板安装。

有大型起重设备的工地，墙模板常采用预拼装成大模板，整片安装，整片拆除，可以节省劳动力，加快施工速度。对于这种拼装成大块模板的墙模板，一般没有支腿，在停放时必须有稳固的插放架。大块模板一般由定型模板拼装而成，要拼装牢固，吊环要进行计算设计。整片大块墙模安装就位之后，除了用穿墙螺栓将两片模板拉牢之外，还必须设置支撑或相邻墙模连成整体。如果小块模板就地散支散拆，必须从下而上，逐层用龙骨固定牢固，上层拼装要搭设牢固的操作平台或脚手架。

4）单梁与整体混凝土楼盖支模：单梁或整体楼盖支模，应搭设牢固的操作平台，设防身栏。避免上下作业，楼层较高，立柱超过 4 m 时，不宜用工具式钢支柱，宜采用钢管式脚手架立柱或门式脚手架。若采用多层支架支模时，各层支架本身必须成为整体空间结构，支架的层间垫块要平整，各层支架的立柱应垂直，上下层立柱应在同一条垂直线上。

现浇多层房屋和构筑物，应采用分层分段支模方法。在已拆模的楼盖上，支模要验算楼盖的承载力能否承受上部支模的荷载，如果承载力不够，则必须附加临时支柱支顶加固，或者事先保留该楼盖模板支柱。上下层楼盖模板的支柱应在同一条垂直线上。底层房心土上支模地面应夯实平整，立柱下面要垫通常垫板。冬季不能在冻土或潮湿地面上支立柱，否则土受冻膨胀可能将楼盖顶裂或化冻时柱下沉引起结构变形。

5）圈梁与阳台模板：支圈梁模板需有操作平台，不允许在墙上操作。阳台支撑的立柱可采用两种方法：一种是从下而上逐层在同一条垂直线上支立柱，拆除时从上而下拆除；另一种是阳台留洞，让立柱直通顶层，阳台是悬挑结构，附加支模立柱传来的集中荷载难以支撑，弄得不当有可能塌下来。底层阳台支模立柱支撑在散水回填土上，一定要夯实并垫垫板，否则雨季下沉，冬季冻胀都可能造成事故。支阳台模板的操作地点要设护身栏、安全网。

6）烟囱、水塔及其他高达特殊的构筑物模板工程，要进行专门设计，制定专项安全技术措施，并经主管安全技术部门审批。

（2）液压滑动模板工程：

1）液压滑模的安装要求：

① 提升前应检查模板是否全部脱离墙面，内外模板的拉杆螺栓是否全部抽掉。

② 滑杆螺栓是否全部达到要求。

③ 在液压千斤顶或倒链提升过程中，应保持模板平稳上升，模板顶的高低差不超过100 m。并在提升过程中，应经常检查模板与脚手架之间是否有钩挂现象，油泵是否工作正常。

④ 模板提升好后，应立即校正并与内膜板固定，待有可靠的保证方可使由泵回油松去千斤顶或倒链。

⑤ 经常检查撑头是否有变形，如有变形应立即处理，以防滑架护墙螺栓超负荷发生事故。

⑥ 提升滑架时，应先把模板中的油泵滑杆换到滑架油泵中（拆除撑头防止下落伤人），拧紧滑杆螺栓，这时才允许拆去护墙螺栓。然后开始提升，提升过程中应注意爬架的高低差个不多超过 50 mm 和有无障碍物。

2）滑模安装注意事项：

① 滑模操作人员必须遵守工地的一般安全规定，并佩戴所有规定的劳动保护用品。

② 滑架的提升必须在混凝土达到所规定强度后才能提升，提升时应有专人指挥，且必须满足以下要求：

a. 大模板的穿墙螺栓均没松动；

b. 每个滑架必须挂两个倒链（或两个千斤顶），严禁只用一个倒链（或一个千斤顶）提升；

c. 保险钢丝绳必须拴牢，并设专人检查无误；

d. 拆除滑架地脚螺栓前，倒链全部调整到工作状态，然后才能拆除附墙螺栓。

以上条件全部具备才准提升。

③ 提升到位后，安装附墙螺栓，并按规定垫好垫圈拧紧螺帽，用测力扳手测定达到要求后，方可松倒链（或千斤顶）。严禁用塔吊提升滑架。

④ 提升大模板时，其相对模板只能单块提升，严禁两块大模板同时提升，并且注意以下事项：

a. 大模板必须在悬空的情况下，穿墙螺栓全部拆除；

b. 保险钢丝绳必须拴牢，并有专人检查；

c. 用多个倒链提升时，应先将各倒链调整到工作状态，方可拆除穿墙螺栓。

⑤ 大模板提升必须设专人指挥，各个倒链或千斤顶必须同步进行。

滑模施工的动力机照明用电应设有备用电源。如没有备用电源时，应考虑停电时的安全和人员上下措施。

现场的场地和操作平台上应分别设置配电装置。附着在操作平台上的垂直运输设备应有上下两套紧急断电装置。总开关和集中控制的开关必须有明显的标志。

滑模施工现场供电线路的架设应符合下列规定：当线路与道路交叉时，其架设高度不低于 6 m；当线路与铁路交叉时，其架设高度不低于 7 m，若电缆从铁道钢轨下通过时，应架保护套管；当线路与架空管道交叉时，若线路在上面，线路与管道的垂直距离不小于 3 m，若线路在下面，线路与管道的垂直距离不小于 1.5 m；当线路与通信线路交叉时，两者的垂直距离不小于 1.25 m；线路距地面的高度不低于 3.0 m 并不得使用裸体导线。从地面向滑模操作平台供电的电缆，应从上端固定有操作平台上的拉索为依托，电缆和拉索的长度应大于操作平台最大滑升高度 10 m，电缆在拉索上相互固定点的间距不应大于

2 m，其下端应理顺并加防护措施。

现场照明应保证工作面亮度要求，滑模操作平台上的便携式照明灯电压不高于 36 V。操作平台上采用 380 V 电压供电设备，应安装触电保护器。经常移动的用电设备和机具的电源线应使用橡胶软线。

操作平台上的总配电装置应安装在便于操作、调整和维修的地方。开关及插座应安装在配电箱内，并做好防雨措施。必须用铁壳或胶壳开关，铁壳开关应有良好接地，不能使用单级和裸露开关。平台上的用电设备接地线或接零线应与操作平台的接地干线有良好的电气通路。

（3）飞模（台模）工程：

1）飞模（台模）的安装要求：

① 支模前，现在楼、地面按布置图弹出各飞模边线，以控制飞模位置，然后将组装好的竹筒子模套上，这时再将飞模吊装就位。

② 飞模校正。标高用千斤顶配合调整，并在每根立柱下用砖墩和木楔垫起或用可调钢管套管。

③ 当有柱帽时，应制作整体斗模，斗模下口支撑在柱子筒模上，上口用 U 形卡与飞模相连接。

2）飞模安装注意事项：

① 飞模必须经过设计计算，保证能承受全部施工荷载，并在反复周转使用时能满足强度、刚度和稳定性的要求。

② 堆放场地应平整坚实，严防下沉引起飞模架扭曲变形。

③ 高而窄的飞模架宜加设连杆互相牵牢，防止失稳倾倒。

④ 装车运输过程中，应将飞模与车辆系牢，严防运输中飞模互相碰撞和倾倒。

⑤ 组装后及每次安装前，应安排专人检查和休整，不符合标准要求者，不得投入使用。

⑥ 拆下和移至下一施工段使用时，模架上不准浮搁板块、零配件及其他用具，以防坠落伤人。待就位后，其后端与建筑物作可靠的拉结后，才能上人。

⑦ 废弃模用的临时平台，结构必须可靠，支搭坚固，平台上应设车轮的制动装置，平台外沿应设护栏，必要时还应设安全网。

⑧ 在运行时，严禁有人搭乘。

（4）大模板工程：

1）大模板的堆放和安装：

① 平模存放时，必须满足地区条件要求的自稳角。大模板存放在施工楼层上，应有可靠的防倾倒措施。在地面上存放模板时，两块大模板应采取板面对板面的存放方法，长期存放应将应将模板连成整体。

② 大模板起吊前，应将吊车位置调整适当，并检查吊装用绳索、卡具及每块模板上的吊环是否牢固可靠，再将吊钩挂好，拆除一切临时支撑，稳起稳吊，禁止用人力搬动模板。吊安过程中，严禁模板大幅度摆动或碰撞其他物件或模板。

③ 组装平模时，应及时用卡具或花兰螺栓将相邻模板连接好，防止倾倒，安装外墙外模板时，必须待悬挑扁担固定，定位置调整好后，方能摘钩。外墙外模安装好后，要

立即穿好销杆，紧固螺栓。

④ 大模板安装时，先内后外，单面模板就位后，用钢筋三角支架插入面板螺栓眼上支撑牢固。双面板就位后，用拉杆和螺栓固定，未就位和未固定前不得摘钩。

⑤ 有平台的大模板起吊时，平台上净禁止存放任何物料。禁止隔着墙同时吊运一面一块模板。

⑥ 里外角膜和临时摘挂的面板与大模板必须连接牢固，防止脱开和断裂坠落。

2）大模板安装使用注意事项：

① 大模板放置时，下面不得有电线和气焊管线。

② 平模叠放运输时，垫木必须上下对齐，绑扎牢固，车上严禁坐人。

③ 大模板组装货拆除时，指挥、拆除和挂钩人员，必须站在安全可靠的地方才可操作，严禁任何人员随大模板起吊，安装外模板的操作人员应系安全带。

④ 大模板必须设有操作平台、上下梯道、防护栏杆等附属设施。

如有损坏，应及时修好。大模板安装就位后，为方便浇捣混凝土，两道墙模板平台间应搭设临时走道，严禁在外墙板上行走。

⑤ 模板安装就位后，要采取防止触电的保护措施，应请专人将大模板串联起来，并同时避雷网接通，防止漏电伤人。

⑥ 当风力 5 级时，仅允许吊装 1～2 层模板和构件。风力超过 5 级，应停止吊装。

3. 模板拆除的安全技术

（1）模板拆除的一般要求：

1）拆除时应严格遵守拆模作业要点的规定。

2）高处、复杂结构模块的拆除，应有专人指挥和切实的安全措施，并在下面标出工作区，严禁非操作人员进入作业区。

3）工作前事先检查所使用工具的工具是否牢固，扳手等工具必须用绳链系挂在身上，工作时思想要集中，防止钉子扎脚和从空中滑落。

4）遇 6 级以上大风时，应暂停室外高空作业。有雨、雪、霜时应先清扫施工现场，不滑时再进行工作。

5）拆除模板一般应采用长撬杠，严禁操作人员站在正拆除的模板上。

6）已拆除的模板、立杆、支撑等应及时运走或是妥善堆放，严防操作人员因扶空、踏空而坠落造成伤亡事故。

7）在混凝土墙体、平板上有预留洞时，应在模板拆除后，随时在墙洞上做好安全护栏，或将洞盖严。

8）拆模间隙时，应将已活动的模板、立杆、支撑等固定牢固，严防突然掉落、倒塌伤人。

（2）普通模板的拆除：

1）拆除基础及地下工程模板时，应先检查基槽（坑）土壁的状况，发现有松软、龟裂不安全因素时，必须在采取防范措施后，方可下人作业，拆除的模板及时运到离基槽（坑）口较远的地方进行清理。

2）现浇楼盖及框结构拆模顺序如下：拆柱模斜撑与柱箍→拆柱侧模→拆楼板底模→拆梁侧模→拆梁底模。

楼板小钢模拆除时，应设置供拆模人站立的平台或架子，还必须将洞口和临边进行封闭后，才能开始工作。拆除时先拆除钩头螺栓和内外钢楞子，然后拆下 U 形卡、L 形插销，再用钢钎轻轻撬动钢模板，用锤或带胶皮垫锤轻击钢模板，把第一块钢模板拆下，然后将钢模逐块拆除。拆下的钢模不准随意向下抛掷，要向下传递至地面。

已经活动的模板，必须一次连续拆除才能中途停歇，以免落下伤人。

模板立柱有多道水平拉杆时，下面究竟应保留基层楼板的支柱，应根据施工速度、混凝土强度增长的情况、结构设计荷载与支模施工荷载的差距通过计算确定。

3）现浇注模板拆除顺序如下：先拆除斜撑或立杆（或钢拉条）→自上而下拆除柱箍或横楞→拆除竖楞并由上向下拆模板连接件、模板面。

（3）滑动模块的拆除：

1）滑动模块拆除必须编制详细的施工方案，明确拆除的内容、方法、程序、使用的机械设备、安全措施及指挥人员的职责等，报上级主管部门审批后方可实施。

2）滑模装置拆除必须组织拆除专业队，指定熟悉该项专业技术的专人负责统一指挥。参加拆除的作业人员，必须经过技术培训，考核合格方能上岗。不能中途随意更换作业人员。

3）拆除中使用的垂直运输设备和机具，必须经检查合格后才准使用。

4）滑模装置拆除前应检查各支撑点埋设件牢固情况，以及作业人员上下走道是否安全可靠。当拆除工作利用施工的结构作为支撑点时，对结构混凝土强度的要求应经结构验算确定，且不低于 15 N/mm²。

5）拆除作业必须在白天进行，宜采用分段整体拆除，在地面解体。拆除的部件及操作平台上的一切物品，均不准从高空抛下。

6）当遇雷、雨、雾、雪或风力达到 5 级或 5 级以上的天气时，不准进行滑模拆除作业。

7）对烟囱类构筑物宜在顶端设置安全行走平台。

（4）大模板拆除：

大模板拆除顺序与模板组装顺序相反，大模板拆除后停放的位置，无论是短期停放还是较长期停放，一定要支撑牢固，采取防止倾倒的措施。

拆除大模板时要做到不碰墙体或混凝土，这是关系到施工结构的质量和安全问题。

（5）飞模（台模）的拆除：

1）拆飞模必须有专人统一指挥，升降飞模同步进行。

2）当不采用专用的悬挑起飞平台时，结构边缘的地滚轮一定要比里边高出 1～2 cm，以免飞模自动滑出。并将飞模的重心不能到达外沿第一轮，以免飞模外倾。

3）飞模尾部要绑安全绳，安全绳的一套在施工结构坚固的物体上，慢慢放松。

4）信号工与挂钩工作人员必须经过培训，上下两个信号工责任要分清，一个人在下层负责指挥飞模的推出、打掩、挂安全绳、挂钩起吊工作；另一个人在上层负责电动倒链的吊绳调整，以保证飞模的推出过程中一直处于平衡状态，而且吊绳要逐步调整到使飞模保持与水平面基本平行，并负责指挥飞模的就位与摘钩。信号工及挂钩人员要挂好安全带，不能穿塑料底及其他硬底鞋，以防滑倒出事故，挂钩人员挂号钩立即离开飞模，信号工必须待操作人员全部撤离出飞模方能指挥起吊。

5）飞模推出后，模层外边缘立即绑扎好护身栏杆，飞模每使用一次，必须逐个检查螺栓，发现有松动现象，立即拧紧。

三、钢筋工程

钢筋的品种较多，性能也各不相同，它的品种按生产工艺可分为：热轧钢筋、冷拉钢筋、冷拔钢丝、热处理钢筋、碳素钢丝、刻痕钢丝和钢绞线等，后 4 种钢筋用于预应力混凝土结构。按化学成分可分为：碳素钢钢筋和普通低碳合金钢钢筋。碳素钢钢筋按含碳量多少又可分为：低碳钢钢筋（含碳量低于 0.25%，多为建筑工程采用，如 3 号钢）、中碳钢钢筋（含碳量 0.25%～0.7%）和高碳钢钢筋（含碳量 0.7%～1.4%）。低碳合金钢钢筋则是在低碳钢和中碳钢中加入少量锰、硅、钒、钛等合金元素而成，其主要品种有 20 锰硅、40 硅、锰钒、45 硅锰钛等。钢筋按其力学性能可分为：Ⅰ级钢筋（235/370 级），即屈服点为 235N/mm²（MPa），抗拉强度为 370N/mm²（MPa），Ⅱ级钢筋（335/510 级），Ⅲ级钢筋（370/570 级），Ⅳ级钢筋（540.835 级）等。钢筋按轧制外形可分为：光圆钢筋和变形钢筋（月牙形、螺旋形、人字形钢筋）。钢筋按供应形式可分为：圆盘钢筋（直径不大于 10 mm）和直条钢筋（长度为 6～12 m）。钢筋按其直径大小可分为：钢丝（直径 3～5 mm）、细钢筋（直径 6～10 mm）、中粗钢筋（直径 12～20 mm）和粗钢筋（直径大于 20 mm）。

1. 原料要求

钢筋的强度标准值应具有不小于 95%的保证率。各强度标准的意义如下：

（1）热轧钢筋和冷拉钢筋的强度标准值是指钢筋的屈服强度（fgk、fpgk）。

（2）碳素钢丝、刻痕钢丝、钢绞线、冷拔低碳钢丝和热处理钢筋的强度标准值是指抗拉强度（fptk）。

2. 使用要求

（1）钢筋在运输和储存时，必须保留标牌，并按批分别堆放整齐，避免锈蚀和污染。

（2）钢筋的级别、型号和直径应按设计要求采用。需要代换时，应征得设计单位的同意。

（3）非预应力筋宜采用Ⅱ、Ⅲ级钢筋，以及Ⅰ级钢筋的乙级冷拔低碳钢丝。

（4）预应力钢筋：

1）大、中型构件中的预应力钢筋宜采用碳素钢丝、钢绞线和热处理钢筋，以及冷拉Ⅱ、Ⅲ、Ⅳ级钢筋。

2）中、小型构件中的预应力钢筋，可采用甲级冷拔低碳钢丝。

（5）钢筋的交叉点应采用铁丝绑扎，并应按规定垫好保护层。

（6）展开圆盘钢筋时，两端要卡牢，以防回弹伤人。

（7）拉直钢筋时，地锚要牢固，卡头要卡紧，并在 2 m 区域内严禁行人。

（8）人工短料时，工具必须牢固，并注意打锤区域内不得站人。切断小于 300 mm 长的短钢筋，应用钳子夹牢，严禁手扶。

（9）制作成型钢筋时，场地应平整，工作台要稳牢，照明灯具必须加网罩。各机械设备的动力线应用钢管从地坪下引入，机壳应有保护零线。

（10）多人运送钢筋时，起、落、转、停动作要一致，人工上下传递不得在同一垂直线上，在建筑物内的钢筋要分散堆放。

（11）在高空、深坑绑扎钢筋和安装骨架，必须搭设脚架和马道，无操作平台应系好安全带。

（12）绑扎立柱、墙体钢筋，严禁沿骨架攀登上下。当柱筋高在 4 m 以上时，应搭设工作台；4 m 以下时，可用马凳或在楼地面上绑好再整体竖立，已绑好的柱骨架应用临时支撑拉牢，以防倾倒。

（13）绑扎圈梁、挑檐、外墙、边柱钢筋时，应搭设外挂架或悬挑架，并按规定挂好安全网。

（14）起钢筋骨架，下方禁止站人，待骨架降落至距安装标高 1 m 以内方准靠近，并等就位支撑好后，方可摘钩。

（15）冷拉钢筋时，卷扬机前应设置防护挡板。或将卷扬机与冷拉方向成 90°，且应用封闭式的导向滑轮，冷拉场地应禁止人员通行或停留。

（16）冷拉钢筋应缓慢均匀，发现锚卡具有异常，要先停车、放松钢筋后，才能重新操作。

四、混凝土工程

混凝土是以胶凝材料水泥、水、细骨料、粗骨料经合理混合，均匀拌和、捣实后凝结而成的一种人造石材，它是建筑工程中应用最广泛的材料。因此，混凝土的施工对整个工程的质量和安全有极大的影响。

1. 混凝土施工

混凝土的施工工艺是由施工准备、搅拌、运输、灌注、养护、拆模和构件表面缺陷修整等工序组成。

施工准备：混凝土的施工准备工作，主要是模板、钢筋检查、材料、机具、运输道路准备与流通。

安全生产准备工作主要是对各种安全设施认真检查，是否安全可靠及有无隐患，尤其是对模板支撑、脚手架、操作台、架设运输道路及指挥、信号联络等。对于重要的施工部件其安全要求应详细交底。

（1）机械搅拌：混凝土的拌制多使用混凝土搅拌机，一般施工现场多使用自落式或强制式搅拌机，搅拌机的容量通常有 250 L、375 L、400 L、800 L、1 500 L 等几种。

较大型施工现场或混凝土生产厂，常采用现场混凝土搅拌站搅拌混凝土，现场混凝土搅拌站一般设计为自动上料、自动称量、机动出料和集中操作控制。

1）安全生产要点如下：

① 机械操作人员必须经过安全技术培训，经考试合格，持有“安全作业证”者，才能独立操作。

② 工作前，必须对机械的电气部分、防护装置、离合器、操作台等进行检查，并经试车，确定机械运转正常后，方能正式作业。

③ 起吊爬斗前，必须发出信号示警，通知各方作业人员，爬斗提升后，严禁有人在斗下站立和通行。

④ 爬斗进入料仓前，应发出信号通知仓内作业人员即闪开；进仓检查时，应先停机

再进入，操作人员须踏木板作业。

⑤ 使用推土机推料时，司机要听从指挥，密切配合，防止积料超荷，造成安全事故。

⑥ 搅拌站内必须按规定设置良好的通风与防尘设备，空气中的粉尘含量不超过国家规定的标准。

⑦ 操纵皮带运输机时，必须正确使用防护用品，禁止一切人员在输送机上行走和跨越；机械发生事故时，应立即停车检修，不得带病运转。

⑧ 用手推车运料时，不得超过其容量的3/4，推车时不得用力过猛和撒把。

⑨ 清理爬斗坑时，必须停机，固定好爬斗，锁好开关箱，再进行清理。

⑩ 动力电线，必须使用橡胶绝缘电缆软线，不准有接头或漏电。

2）搅拌机注意事项：

① 搅拌机应设置在平坦的位置，用方木垫起前后轮轴，将轮胎架空，以免在开机时发生移动。

② 停后敲筒清洗洁净，筒内不得有积水。

③ 电动机应设有开关箱，并应设漏电保护器。停机不用或下班后应拉闸断电，并锁好开关箱。

（2）人工搅拌：

少量混凝土采用人工搅拌时，要采取两人对面翻拌作业，防止被铁锹等手工工具碰伤。由高处向下推拔混凝土时，要注意不要用力过猛，以免惯性作用发生人员冲下摔伤事故。

2．运输

成品混凝土运输，水平运输一般采用人工手推车、机动翻斗车、混凝土搅拌运输车等；垂直运输一般采用井架运输、搭式起重机、混凝土泵（也包括水平运输）等。

（1）机械水平运输：

1）司机应遵守交通规则和有关规定，严禁无驾驶证或酒后开车。

2）车辆发动前，应将变速杆放在零挡位置，并拉紧手刹车。

3）车辆发动后，应先检查各仪表、方向机构、制动器、灯光等，必须保证灵敏可靠后，方可鸣笛起步。

4）搅拌车装料时，料口须对准搅拌机下料口，车应站稳，并要拉紧手刹车。

5）在进出料口，把进出料操作杆推到进料挡位时，驾驶员不得擅离车辆。

6）料装满后，应把进出料操纵杆推入搅拌挡位，方准起重行驶。

7）车辆倒车时，要有人指挥；倒车和停车不准靠近建筑物基坑（槽）边沿，以防土质松软车辆倾翻。

8）在坡道停车卸料时，要拉紧刹车，驾驶员必须离开驾驶室，应开至安全地段，将车轮掩好，方准离开。

9）在雨、雪、雾天气，车的最高时速不得超过 25 km/h，转弯时，要防止车辆横滑。

（2）混凝土泵送设备：

1）混凝土泵送设备的放置，距离机坑不得小于 2 m，悬臂动作范围内，禁止有任何障碍物和输电线路。

2）管道敷设沿线路应接近直线，少弯曲；管道的支撑于固定，必须紧固可靠；管道的接头应密封，“Y”形管道应装接锥形管。

3）禁止垂直管道直接接在泵的输出口上，应在架设之前安装不小于 10 m 的水平管，在水平管近泵处应装逆止阀，敷设向下倾斜的管道，下端应接一段水平管，否则，应采用弯管等。如倾斜大于 7° 时，应在坡度上端装置排气活塞。

4）风力大于 6 级时，不得使用混凝土输送悬臂。

5）混凝土泵送设备的停车制动和锁紧制动应同时使用，水箱应储满水，料斗内不得有杂物，各润滑点应润滑正常。

6）操作时，操纵开关、调整手柄、手轮、控制杆、旋塞等均应放在正确位置，液压系统应无泄漏。

7）作业前必须按要求配制水泥砂浆润滑管道，无关人员应离开管道。

8）支腿未支牢前，不得起动悬臂，悬臂伸出时，应按顺序进行，严禁用悬梁臂起吊和拖拉物件。

9）悬臂在全伸出状态时，严禁移动车身。作业中需要移动时，应将上段悬臂折叠固定，前段的软管应用安全绳系牢。

10）泵送系统工作时，不得打开任何输送管道和液压管道，液压系统的安全阀不得任意调整。

11）用压缩空气冲洗管道时，管道出口 10 m 内不准站人，应用金属网拦截冲出物，禁止用压缩空气冲洗悬臂配管。

（3）手推车运输：

1）用手推车运输混凝土时，用力不能过猛，不准撒把；向坑、槽内倒混凝土时，必须沿坑、槽边设不低于 10 cm 高的车轮挡装置；推车人员倒料时，要站稳，保持身体平衡，要通知下方人员躲开。

2）在架子上推车运送混凝土时，两车之间必须保持一定距离，并右侧通行，混凝土装车容量不得超过车头容量的3/4。

3）垂直运输采用井架运输时，手推车车把不准伸出笼外，车轮前后应挡牢，并要做到稳起稳落。

3. 混凝土浇筑

混凝土浇筑是混凝土拌制后，将其浇筑入模，经振动使其内部密实。浇筑混凝土的方法要根据工程的具体情况确定。

（1）混凝土的振捣：混凝土浇筑振捣有人工振捣和机械振捣两种。机械振捣又分为内部振动器、外部振动器、振动台等。

1）电动内部或外部振动器在使用前应先对电动机、导线、开关等进行检查，如导线破损绝缘老化、开关不灵、无漏电保护装置等，要禁止使用。

2）电动振动器的使用者，在操作时，必须戴绝缘手套，穿绝缘鞋，停机后，要切断电源，锁好开关箱。

3）电动振动器须用按钮开关，不得使用插头开关；电动振动器的扶手必须套上绝缘胶皮管。

4）雨天进行作业时，必须将振捣器加以遮盖，避免雨水侵入电机造成漏电伤人。

5）电气设备的安装、拆修必须由电工负责，其他人员一律不准随意乱动。

6）振动器不准在初凝混凝土、地板、脚手架、道路和干硬的地方试振。

7）搬移振动器时，应切断电源后进行，否则不准搬、抬或移动。

8）平板振动器与平板应保持紧固，电源线必须固定在平板上，电气开关应装在便于操作的地方。

9）各种振动器在做好保护接零的基础上，还应安设漏电保护器。

（2）混凝土浇筑注意事项：

1）已浇完的混凝土，应覆盖和浇水，使混凝土在规定的养护期内，始终能保持足够的湿润状态。

2）使用吊罐（斗）浇灌混凝土时，应经常检查吊罐（斗）、钢丝绳和卡具，如有隐患要及时处理，并设专人指挥。

3）浇筑混凝土使用的溜槽及串筒节间必须连接牢固。操作部位应设防身栏杆，严禁站在溜槽上操作。

4）浇筑框架、梁、柱的混凝土应设操作台，严禁直接站在模板或支撑上操作，以防止踩滑或踏断坠落。

5）浇筑拱形结构时，应自两边供脚对称同时进行；浇筑圈梁、雨篷、阳台时，应设防护措施；浇筑料仓时，下口应先行封闭，并铺设临时脚手架及操作平台，以防止人员下坠。

6）禁止在混凝土养护窑（池）边上站立或行走，同时应将窑盖板和地沟孔洞盖牢和盖严，防止人员失足坠落。

7）夜间浇筑混凝土时，应有足够的照明。

五、砌筑工程

1．概述

砌筑工程一般分为砖砌体和石砌体两类。砌筑工程，若广义的概念，它还包括屋面工程和装饰工程。

砖砌体砌筑用砖有粉煤灰砖、炉渣砖、蒸压灰砂砖、承重粘土空心砖、非承重粘土空心砖、烧结普通砖等。石砌体砌筑用石有毛石和料石两种。石砌体主要用在基础结构，砖砌体主要用在墙体结构。

砌筑工程在建筑施工中是人力、物力、工时消耗最为集中的施工内容，对于砌筑中的安全就更为重要，特别是要把高处作业的安全防护作为重点。

2．砖石级砂浆备料

砖石工程施工是由砂浆制备、搭设脚手架和砖石砌筑这几个施工过程组成的。

为了保证建筑及施工安全，砌筑用材料强度应符合设计要求。

（1）机械使用的安全要求：砖石砌筑工程的砂浆制备，多使用砂浆搅拌机或混凝土搅拌机。它的使用和维护安全要求如下。

1）安装机械的地方应平整夯实，机械安装要求平稳、牢固。

2）各类型号搅拌机（除反转除料搅拌机外），均为单向旋转进行搅拌。因此，在接电源时应注意搅拌筒转向要符合搅拌筒上的箭头方向。

3）开机前应先检查电气设备的绝缘和接地是否良好，皮带保护罩是否完好。

4）工作时，机械应先启动，待机械运转正常后再加料搅拌，要边加料边加水，若中途停机、停电时，应立即把料卸出；不允许中途停机后，重载下启动。

5）砂浆搅拌机加料时，不准用脚踩或用铁锹、木棒往下拔、刮拌和筒口，工具不能碰撞搅拌叶，更不能在转动时，把工具伸进料斗内扒浆。搅拌机上料口不准站人，起斗停机时，必须挂上安全钩。

6）常温施工时，机械应安放在防雨篷内，冬期施工机械应安放在高温棚内。

7）非机械操作人员，严禁开动机械。

（2）水平、垂直运料：

1）向地槽内运送砖石等材料时，严禁投扔，超过 1.5 m 时，应设溜槽松下，卸料时要通知下面人员远离。

2）上料时应先检查脚手架搭设和跳板的铺设是否牢固。小横杆的间距和防护与防滑设施等，必须符合架设规程要求。推车运料一律推行，禁止倒拉车，不许撒把倾倒。坡道行车前后距离不小于 10 m，严禁并行车和超车。

3）往架子上运料时，每平方米不超过 270 kg，砖垛高度单排不超过 4 码，在灰槽及水桶前，不准放砖。

4）凡当天不砌筑的架子上，不得上砖，禁止在架子上往砖上浇水。砌筑剩下的砖和灰应及时清理运走。

5）放水桶和灰槽时，要顺架子放平稳，不得放在站杆外边。

6）各种垂直运输用门式架。井字架的吊盘（托盘）都要设置安全装置。

7）使用吊车进行垂直运输时，在吊装运输过程中，须设专人负责指挥。吊砖用砖笼，容积不准超过 90 块红砖的体积。吊砂浆的料斗不能装得过满，吊重时，其吊臂的回转半径范围内不得有人停留，吊笼落到架子上时，砌筑人员要暂停操作，并避开。

8）人工垂直往上或往下递砖、石时，要搭设梯子砖架子，架子的站人板宽度不应小于 60 mm。

3. 施工注意事项

（1）基础砌筑：

1）石基础砌筑：

① 砌筑基础时，应检查两侧的土质，如有裂缝或倾塌现象时，必须采取加固措施，方可进行砌筑。

② 槽、坑边堆放的毛石、灰桶、灰槽等材料工具，应离槽、坑边 1 m 以上，且不准堆放过多，防止压塌坑壁。

③ 基槽内砌石人员应戴帆布手套并戴好安全帽。加工毛石时，必须事先检查锤头安得是否牢固，还要戴好安全防护眼镜，不得两人面对面捶打，以防石块飞出伤人。

④ 基础槽设放毛石、砖及砂浆时，应上下呼应，下边砌石人员应躲开（也可采用溜放槽或其他安全措施），禁止乱扔，以免伤人。

⑤ 搬石块应自石堆分层由上向下搬运，不能在中间掏窝取石；取石要看准、拿牢、放稳，一个人搬不动的石块要两个人抬放，防止砸伤人。

⑥ 基槽内砌石人员，操作间距不得小于 2 m。

⑦ 基础每砌 1 m 高时，通过质量检查后，及时回填土，并夯实。

2）砖基础砌筑：砌筑基础前必须检查基槽（槽帮），发现土壁裂纹、水浸化冻或变形等坍塌危险时，应先采取槽壁加固或清除坍塌危险的土方等处理措施。对槽边有可能坠落的危险物，要进行清理后才可以操作。

槽宽小于 1 m 时，应在站人的一侧留有 40 cm 的操作宽度。在深基槽砌筑时，上下槽必须设工作梯或坡道，不得任意攀跳基槽，更不得蹬踩砌体及加固土壁的支撑上下。

砌筑深基础或地下室外墙时，应在槽壁设立标杆随时观测地槽变化情况，若发现危险，应立即停止作业。

（2）砌体：

1）砖砌体操作安全要求：操作前必须检查操作环境是否符合安全要求，首先道路必须畅通，安全设施和防护用品应配备齐全，机具应完好牢固，经检查符合要求后才能操作施工。在操作过程中应注意：

① 砌墙身高度超过地坪 1.2 m 以上时，应搭设脚手架。在一层以上高度超过 4 m 时，应采用里脚手架，外围周围支搭安全网；采用外脚手架要在设置护身栏杆和挡脚板后才能砌筑。

② 砌筑一层以上的交叉作业入口时，要搭设防护棚或安全网；高层建筑的安全网，应随墙身逐层上升，超过 10 层时，下部要加一道 12 m 宽的固定安全网。

③ 脚手架上堆料量不能超过规定的荷载量，同一块脚手板上操作人员不能超过 2 人。

④ 不准站在墙顶上做画线、刮缝及清扫墙面或检查大角垂直等工作。砍砖时应向内打，注意不要让碎砖飞出伤人。

⑤ 已做好的山墙，应临时采用联系料（如檩条）放置在各跨的山墙上，使其联系稳定，或采取其他有效的加固措施。

⑥ 在楼层（特别是顶楼面上）施工时，堆放机具、砖块等物品不得超过允许荷载。如果超过允许荷载，必须经过技术部门验算并采取有效的加固措施后，方能进行堆放及砌筑。

⑦ 不准用不稳固的工具或物体在脚手板板面垫高操作，更不准在未经加固的情况下，在一层脚手架上随意再叠加一层。

⑧ 在檐板砌筑时，应加设必要的支撑或锚筋。

⑨ 在同一垂直面内上下交叉作业时，必须设置安全隔板，下面操作人员，必须戴安全帽。

⑩ 砖墙勾缝时，脚手架的跳板不少于 3 块，防护网和防护栏杆必须保持完整有效。

2）砌块砌体操作安全要求：

砌块砌体施工操作前，要对各种起重机据设备、绳索、夹具、临时脚手架以及施工安全设施进行检查后，才能施工，并应做到：

① 起吊砌块过程中，如发现有破裂且有脱落危险的砌块，严禁起吊。

② 安装砌块时，不准站在墙上操作。

③ 砌块吊装时，其下面不得有人通过操作。

④ 在楼板上卸砌块时应尽量避免冲击，放置在楼板上的砌块数量，应考虑承载力并采取相应的措施，堆置方法应符合技术安全措施的规定。

⑤ 台风季节对墙上已就位的砌块，必须及时灌缝，并及时安装楼板，对没安装楼板的要进行加固。

⑥ 其他安全要求与砖砌体工程相同。

（3）留槎施工：

1）墙体转角和交连处应同时砌筑，不能同时砌筑时应留斜槎，其长度不得小于其高度的 2/3；若留槎有困难时，除转角必须留槎外，其他可留直阳槎（不得留阴槎），并应沿墙高每隔 500 mm（或 8 皮砖高），每半砖宽放置 1 根（但至少应放置 2 根）直径为 6 mm 的拉结筋，埋入长度从留槎处算起，每边均应补小于 500 mm，其末端弯 90° 的直弯钩，地震区不应留直槎。

2）有构造柱时，砖墙应砌成马牙槎，每一马牙槎的高度不大于 300 mm，并沿墙高每 500 mm 设置 2 根 6 mm 水平拉结钢筋，选用整砖砌筑。

3）宽度小于 1 m 的窗间墙，应选用整砖砌筑。

4）纵横墙均为承重墙时，在丁字交接处，可在下部（约 1/3 接槎高）砌成斜槎，上部留直阳槎并加设拉结筋。

5）墙体每天砌筑高度不宜超过 1.8 m，且相邻两个工作段高度差不允许超过一个楼层高度，即不应大于 4 m。

（4）砖柱和扶壁柱施工：

1）砌筑矩形、圆形和三角形柱截面时，应使柱面上下皮的竖缝相互错开 1/2 或 1/4 砖长，同时在柱心不得有通天缝。严禁用包心的砌筑方法，即先砌四周，后填心的方法。

2）扶壁柱与墙身应逐皮搭接，搭接长度至少 1/2 砖长，严禁垛与墙分离砌。

3）每天砌筑高度不应大于 1.8 m，且在柱和扶壁柱的上下不得留置脚手架眼。

（5）筒拱施工：

1）筒拱构造：

① 砖筒拱适用于跨度 3～3.3 m，高跨比为 1/8 左右的楼盖；砖筒拱也适用于跨度 3～3.6 m，跨高比为 1/5～1/8 的屋盖；筒拱的长度不宜超过拱跨的 2 倍。

② 筒拱厚度一般为半砖厚，砖的强度等级不低于 MU7.5，砂浆强度等级不得低于 M5。

③ 筒拱在外墙的拱脚处应设置钢筋混凝土圈梁，圈梁上的斜面应与拱脚斜度相吻合；也可在外墙中于拱脚处设置钢筋砖圈梁，再加钢拉杆，砖圈梁中的钢筋和钢拉杆应由计算确定，且拱脚下 8 皮砖应用强度为 M5 以上的砂浆砌筑。

④ 筒拱在内墙上的拱脚处，应在内墙上用丁砖挑出至少 4 皮砖，其砂浆强度等级不低于 M5，并在挑出的台阶上用 C20 的细砂混凝土浇筑斜面与拱脚斜度相吻合。

⑤ 如房间开间大，中间无内墙时，筒拱可支撑在钢筋混凝土梁上，但梁的两侧应留有斜面，以便拱体从斜面砌起。

⑥ 适用活荷载等于或大于 3 000 N/m² 时宜采用砖筒拱。

2）砖筒拱施工：

① 筒拱模板尺寸安装的误差，在任何点上的竖向偏差不超过该点拱高的 1/200；拱顶沿跨度方向的水平偏差，不应超过矢高的 1/200。

② 半砖厚的筒拱，砖块可沿筒拱的纵向排列；也可沿筒拱跨度方向排列；也可整体采用八字槎砌法由一端向另一端退着砌，即两边长，中间短，形成八字槎接口，直到砌

至另一端时，再填满八字槎缺口，并在中间合拢。

③ 拱脚上面 4 皮砖和下面 6～7 皮砖的墙体部分，砂浆强度等级不得低于 M5，且应达到设计强度 50%以上时，方可砌筑筒拱。

④ 砌筑筒拱时应自两侧同时对称地向拱顶砌筑，且砌拱顶正中间 1 块砖时应在砖两面刮满砂浆轻轻打入塞紧。

⑤ 拱顶灰缝全部用砂浆填满，拱底灰缝宽度为 5～8 mm，拱顶砖面灰缝宽度为 10～12 mm。拱座斜面应与筒拱轴线垂直，筒拱的纵向缝应与拱的横断面垂直。筒拱纵向两端不应砌入墙面，两端与墙面的接触缝隙应用砂浆填满。

⑥ 穿过筒拱的洞口应设加固环，加固环应与周围砌体紧密结合，对已砌完的拱体不准任意凿洞。

⑦ 筒拱砌完后应进行养护，养护期内严防冲击、振动和雨水冲刷，多跨连续筒拱应同时砌筑，如不能同时砌筑，应采取有效地抵消横向水平推力的措施。

⑧ 筒拱模板应在保证横向水平推力有可靠抵消措施后，方可拆除，拆移时应先将拱模均匀下降 50～200 mm，检查拱体确属无误后，方可向前移动。

⑨ 有拉杆的筒拱，应先将拉杆按设计要求拉紧后方可拆移模板。同跨内各拉杆的拉力应均匀一致。

⑩ 当拱体的砂浆强度达到设计强度的 70%以上时，方可在已拆模的筒拱上铺设楼面或屋面材料，且在施工过程中，应使筒体均匀对称受荷载。

（6）其他注意事项：

1）从砖垛上取砖时，应先取高处后取低处，防止垛倒伤人。

2）在地面用捶打石时，应先检查铁锤有无破裂，锤柄是否牢固，同时应看清楚附件情况有无危险，然后方可落锤敲击，严禁在墙顶或架上修改石材，且不得在墙上徒手移动料石，以免压破或擦伤手指。

3）夏季要做好防雨措施，严防雨水冲走砂浆，致使砌体倒塌。

4．屋面工程施工

屋面覆盖着房屋的顶部，其作用是遮风遮太阳、阻雨挡雪、保温隔热。常见的屋面形式有平屋面、坡屋面和拱形屋面。屋面按使用材料不同，有瓦屋面、石棉水泥波形瓦屋面、沥青油毡屋面、抹压厚涂层防水屋面、钢筋混凝土屋面板自防水屋面、刚性防水屋面、新型防水涂料屋面和新型防水卷材屋面。

屋面工程施工属于高处作业，防水层使用沥青、涂料、防水剂等化工原料、材料，含有一定毒量，沥青油毡屋面是高温操作，施工过程中，容易发生中毒、烫伤、火灾、高处坠落等安全事故。因此，施工安全技术很重要。

（1）瓦屋面：瓦屋面多为坡屋面，施工操作人员操作不便，安全防护困难，容易发生坠落事故。

1）上屋面操作前应检查有关安全设施，如栏杆、安全网等是否牢固，检查合格后，才能进行作业。

2）凡有严重高血压、心脏病、神经衰弱症及贫血症等不适于高处作业者不能进行屋面工程施工。

3）承重结构采用屋架时，运瓦上屋面要两坡同时进行，脚要踩在椽条或檩条上，不要踩在挂瓦条中间；不要穿硬底、易滑的鞋上屋面操作；在屋面踩踏，行走时应特别注意安全，谨防绊脚跌倒；在平瓦屋面行走时，脚要踩踏在瓦头处，不能再瓦片中间部位踩踏。

4）在冷摊瓦（没有屋面板），或在稀铺屋面板上挂瓦时，必须设置踏板或采取其他安全措施。

5）运瓦时在已铺瓦上行走时要慢行，不得跑跳，前后运瓦人员间应保持 6 m。

6）屋面较高或坡度大于 30° 及檐口挂瓦时，应绑好安全带。

7）屋面上堆放瓦时，必须放稳，防止下滑滚坡。

8）碎瓦、杂物工具等要集中运下，不能随意乱掷。

9）冬季施工要有防滑措施，屋面有霜时必须清扫干净。

（2）石棉水泥波形瓦屋面：石棉水泥波形成瓦面不宜用在常有暴风和积雪较厚的地区，也不宜用于积灰较厚的车间。

石棉水泥瓦分大波、中波和小波三种。施工应遵守有关瓦屋面高处操作安全的规定，由于波形瓦面积大、檩距大，特别是石棉水泥波形瓦薄而脆，施工时必须搭设临时走道板，走道板要长一些，架设和移动走道板时，必须特别注意安全。

屋面上的操作人员不宜过多，在波形瓦上行走时，应踩踏在钉位或檩条上边，不应在两檩之间的瓦面上行走；严禁在瓦面上跳动，蹬踢或随意敲打；石棉水泥波形瓦的质量应经严格的检查，凡裂纹超过质量要求规定者不得使用。

（3）沥青油毡屋面：沥青油毡屋面施工是高处、高温作业，同时沥青中含有一定毒素，必须采取有效的安全技术措施，防止发生坠落、烫伤、火灾和中毒等安全事故。

1）一般要求：施工前应编制单项工程施工安全技术措施，逐级进行安全技术交底。

① 患有皮肤病、结核病、支气管炎、眼病以及对沥青刺激过敏的人员，不能参加接触沥青的操作。

② 要按国家规定配给操作人员劳动保护用品，并应合理使用，沥青操作人员不得赤脚或穿短袖衣服进行作业，应将裤脚、袖口扎紧，鞋面应扎鞋盖，应戴长袖手套。

③ 屋面四周应绑设安全围护栏杆，在必要的部位应系安全带，屋面洞口等应采取安全措施，高处作业人员不要过分集中。

操作时应注意风向，防止下风向操作人员中毒和烫伤。

2）熬沥青：

① 熬沥青的锅灶必须离建筑物 10 m 以外，距易燃品仓库 25 m 以上，锅灶上空不得有电线，地下 5 m 以上不能有电缆，锅灶最好设在建筑地点的下风口，熬沥青锅的四周不能有裂缝，锅口应稍高，灶口出应砌筑高度不小于 50 cm 的隔火墙。

② 广泛采用封闭除尘消烟熬沥青炉。

③ 炉灶要搭设防雨棚，不能使用易燃品搭设，炉灶附件严禁放置汽油、煤油等易燃易爆物品。

④ 熬制桶浆沥青时，要先讲桶盖打开，桶横卧，桶口朝下，由桶口向桶底慢慢加热，如用钢钎捅桶口时，人要站在桶侧面，头不准对着桶口。

⑤ 沥青锅内不准有水，沥青含水量也不能过大，以防膨胀溢出锅外，装内锅的沥青不能超过锅容量的 2/3，沥青块应放在铁丝瓢内下锅。

⑥熬制沥青时应由有经验的工人负责，严守岗位，按操作规程要求熬制，随时注意沥青温度变化，沥青将要脱水时，应慢火升温，当石油沥青熬制到由白烟转为很浓的红黄烟时，即有着火的危险，应立即停火。

⑦ 敞口锅熬制沥青时，应备有大锅盖、灭火器等防火用品，如发生沥青着火，应立即用锅盖封盖油锅、切断电源、熄灭炉火；如沥青溢到地面着火，应立即用灭火器消灭火苗，禁止浇水灭火。

3）冷底子油配制：冷底子油是加热的 30 号或 10 号建筑石油沥青或软化点为 50～70℃的焦油沥青，加入溶剂（轻柴油、煤气、汽油、苯）制成的溶液，如操作方法不当，极易发生火灾和烫伤事故。

配制时，应先将沥青熬至脱水，倒入桶中，再加入溶剂。如加入慢挥发性溶剂，沥青的温度不得超过 140℃，如加入快挥发性溶剂，则沥青的温度不能超过 110℃。沥青冷却达到上述温度后，再将沥青成细流状慢慢注入一定量（配合量）的溶剂中，并不停地搅拌；也可以将熬好的沥青倒入桶或壶中（按配合量），待其冷却至上述温度后，将溶剂按配合量要求的数量分批注入沥青溶液中，开始每次 2～3 L，以后每次 5 L。

配制时，严禁使用铁棒搅拌，要严格掌握沥青的温度，当发现冒出大量的蓝烟时，应立即暂停加入。配制、储存、涂刷冷底子油的地点要严禁烟火，并不准在附近进行电焊、气焊等工作。

4）运输：

① 装热沥青的桶、壶等工具应用铁皮咬口制成，不能用锡焊，桶、壶应加盖。

② 运送热沥青时，不允许两人抬运，装油不能超过 2/3，垂直水平远距离运输时，应采用封闭的运输小车，出油口要加牢固可靠的开关。

③ 垂直提升平台应加设防护栏杆，提升时应拉牵绳，防止油桶摆动，吊运时，油桶下方 10 cm 半径范围内禁止站人。

④ 在坡度较大的屋面上运油时，应采取专门安全措施（如穿防滑鞋、设防滑梯、清扫屋面上灰砂等），油桶下面应加垫，放置平稳。

5）铺毡：

① 浇沥青人员与铺毡人员应保持一定距离，避免热沥青飞溅烫伤。

② 浇热沥青时，檐口下方不准有人停留或走动，以免热沥青油滴下伤人。

③ 如遇大风或雨天时，应停止铺毡。

④ 工人操作时，如感觉头痛或恶心，应立即停止作业，进行治疗。经常从事沥青的工人，应定期进行身体检查。

（4）新型防水材料屋面：随着科学技术的发展，我国目前开发和推广了一些先进防水技术，如橡胶改性沥青油毡、橡胶系防水卷材、高分子防水卷材、塑料系防水卷材等。

1）新型防水卷材屋面防水安全技术：

① 三元乙丙一丁基橡胶卷材是由化学工业的乙烯、丙烯和少量的双环戊二烯等聚合而成的三元乙丙橡胶，掺入适量的丁基橡胶、硫化剂、促进剂、软化剂和补强剂等，经过密炼、拉片等一系列工序加工制成，属于高档防水材料。

施工工艺是在基层涂刷聚氨酯底胶的基层处理剂后，涂刷 CX-404 胶粘结剂，铺贴三元乙丙橡胶防水卷材（防水主体），并在表面涂刷银色剂为保护层。

上述施工材料和辅助材料多属易燃品，辅助材料多有轻微毒性，在存放材料的仓库及施工现场都要严禁烟火。

在防水施工时，操作人员应戴手套，在配料、清洗时应避免溶剂溅到眼睛里或污染皮肤。

② 改性沥青柔性油毡是以聚酯纤维无纺布为胎体，以 SBS 橡胶——沥青为面层，以塑料薄膜为隔离层，油毡表面带有砂粒的防水卷材。

施工可采用冷粘贴施工，也可采用热熔法施工。先刷氯丁粘合剂的稀释液处理剂后，涂刷基底氯丁粘合剂，再铺贴改性沥青柔性油毡。

SBS 热塑料橡胶兼有橡胶和塑料的特性，常温下具有橡胶的弹性，以其改性后的沥青油毡，将传统的沥青油毡施工方法改为冷粘贴施工，属于中低档防水卷材。

卷材和辅助材料都是易燃品，施工现场及存放仓库要严禁烟火。采用热熔法施工，在向喷灯内灌汽油时，要避免汽油流在地上，以防点火引起火灾。喷灯点火时，喷嘴不能面对人体，以免灼伤。

2）新型防水涂料屋面防水安全技术：

① 膨润土沥青乳液防水涂料，是以石油沥青为基料，膨润土作分散剂，在机械作用下制成的水溶性厚质防水涂料。冷作业涂布在基层上，形成厚质涂层，防水性能好，是一种价廉物美的屋面材料。

施工中根据防水要求，可用无加强层面防水层，即在平整的屋面上涂稀释的乳液底子油一遍，再涂刮具有一定稠度的乳液二遍，外加保护层（面砂）一遍。

也可采用有加强层的屋面防水层。即涂刷底子油一遍后，进行防水层涂布，随刷涂料随铺贴玻璃丝网布，根据防水要求，看采用一网二涂或二网三涂做法，外加保护层。

乳液是易燃品，并对人皮肤有轻微腐蚀，故乳液施工现场及成品仓库严禁烟火；操作人员必须戴胶皮手套、防护目镜和口罩，工具用完要及时冲洗干净。

② 聚氯酯涂膜防水材料是双组分型，甲组分是含有端异氰酸酯基的聚氨酯预聚物，乙组分由含有多羚基的固化剂、增韧剂、稀释剂等配制而成。甲、乙两组分按一定比例混合均匀，形成常温反应固化型粘稠状物质，涂布固化后形成柔软、耐火、抗裂和富有弹性的整体防水层。

聚氨酯涂膜防水材料是易燃品，有轻微毒性，要求存料、配料和施工现场要严禁烟火；存放材料的地点和施工现场必须通风良好；操作时涂料不能溅在手上和脸上。

3）其他防水胶料：

① JG—1 防水冷胶料是油溶性再生橡胶沥青防水涂料，可在负温下施工，操作简便。涂刷冷胶料后，随铺无碱玻璃丝布，随涂随刷冷胶料，做法有一布二胶和二布三胶。

② JG—2 防水冷胶料是水乳型双组分防水涂料，A 液为乳化橡胶，B 液为阴离子型乳化沥青，两者混合涂刷在基层上，形成防水涂膜。施工方法与 JG—防水冷胶料基本相同。

上述两种材料，涂膜形成后无毒无味。乳液原材料对人皮肤有轻微侵蚀，施工操作时戴胶皮手套、安全防护目镜、口罩等，JG—1 是油溶性材料，存放及施工现场应严禁烟火。

5. 装饰工程施工安全技术

装饰工程包括抹灰工程、饰面工程、油漆工程、刷浆工程、玻璃工程、裱糊工程、罩面板和花饰工程等。

（1）抹灰及饰面工程：

1）机械及使用安全：抹灰工程及饰面安装工程的砂浆制备要使用砂浆搅拌机或纸浆石灰、麻刀石灰拌和机和淋灰机；施工操作时常用灰浆泵、平面磨石机、地面磨石机、立面磨石机、电动切割机、无齿锯、电钻等轻型或手工电动工具。

为了保证安全生产，施工前应选择适当的机械设置地点，该地点远离高低压线路，清除现场杂物。各种机械的供电系统应由电工安装，电源线必须通过配电箱，安装触电保护器，按要求做好保护接地或接零保护装置。凡电气设备发生故障时，一律由电工进行检修。

① 水磨石机和地面磨光机：电源线路须用防水四芯软线，电门开关应设按钮开关。操作人员应穿胶靴和戴胶皮手套。

② 电动切割机和无齿锯：切割操作时要戴安全防护眼镜，不准戴手套，机械保护罩应完好，操作人员不准正对轮片，应在轮片侧面。

③ 灰浆泵：安装输送灰浆管路时，应力求顺直，每个弯管的半径应大于 60 cm。灰浆管接口要严密、端正，拧紧卡子，防止松脱喷灰伤人。使用期间，须经常检查灰浆泵的压力表，压力超过最大允许值或波动过大，应停车找出故障原因。灰浆泵和空压机的压力表，应灵活有效，无压力表严禁使用。管道发生堵塞时，应将管道压力降到零位时再排除故障，严禁带压排除障碍，以防压缩空气或灰浆喷出伤人。

2）室外抹灰：

① 室外抹灰时，脚手架的跳板应铺满，最窄不得小于 3 块。

② 外部抹灰使用金属挂架时，挂架艰巨不得超过 2.5 m。每跨最多 2 人同时操作。

③ 抹灰工自行翻板时，应挂牢安全带，小横杆要插牢，严禁有探头板。

④ 存放砂浆和水的灰槽（桶）要放稳。八字靠尺等不要一头立在脚手架上，一头靠在墙上，要平放在脚手板上。

3）室内抹灰：

① 室内抹灰使用的马凳，必须搭设平稳牢固，马凳跳板跨度不准超过 2 m，并禁止人员集中站在同一跳板上操作。

② 4 m 以上抹天棚时，应搭设满堂脚手架，如无条件满铺跳板，可在跳板上满铺安全网。

③ 室内脚手架严禁将跳板支搭在水暖管道、暖气片上，不准搭探头板。

④ 在抹顶棚时，防止砂浆溅入眼内造成工伤。

⑤ 在室内使用运灰车时，在转弯道处注意不要将车把碰墙而轧手。

4）水磨石：

① 人工磨石时，磨面上应安设手柄，磨制狭窄或拐角的地方，如不能使用带手柄的磨石，需直接持磨石操作时，要防止碰手或灰浆烧手。

② 机械磨制水磨石时，必须使用四芯胶皮绝缘软线。磨石机的把柄应由绝缘材料制成，开关不准设在移动线路上，并采用密闭型开关，机械转动部分应设防护罩。

③ 操作机械人员应戴胶皮手套并穿绝缘胶鞋，还要经常检查电源线路，防止潮湿带电。间息或工作完毕应及时切断电源、加锁。

5）饰面板安装：

① 高空粘贴釉面砖应按抹灰的脚手架搭设。

② 在脚手架上堆放饰面砖、饰面板时应推放平稳，以防掉下伤人。

③ 饰面板安装应按图纸要求，钻孔用铜丝等与基体固定，不得浮放。饰面板钻孔时，一定要设临时固定架，防止电钻钻头伤人。

④ 加工各种石板不得面对面进行，必要时须安设挡板隔离，以免石片飞出伤人。

（2）油漆、刷浆及玻璃工程：

1）刷浆工程：

刷浆所用材料为大白粉和可赛银等，可用火碱等为辅助材料，其对人的皮肤和眼睛有刺激性，应加强劳动保护用品的使用。操作时，应戴安全防护眼镜。机械喷浆要戴口罩，防止呼吸道感染。

2）油漆工程：

① 施工场地要有良好的通风，若在通风条件不好的场地施工时，必须设置通风设备，才准施工。用板锉、钢丝刷、电动或气动工具清除铁锈、铁鳞时，需戴上安全防护眼镜，以避免眼睛沾污和受伤。油漆、易燃易爆材料必须放在专用仓库内，不准与其他材料混放在一起，挥发性油料须装入密闭容器内妥善保管，油库附近严禁烟火。调配酸性易燃材料，如煤油、汽油、松节油以及含氮颜料时，应由有经验的技工担任，工作时严禁烟火。

② 在喷涂或涂刷对人体有害的涂料和清漆时，要戴上防护口罩，如对眼睛有害，要戴上密闭式眼镜。涂刷红丹防锈漆及含铅颜料时，要防止铅中毒，操作时要戴上口罩。在喷涂硝基漆或其他易燃、易挥发溶剂稀释涂料时，不准使用明火。操作人员在施工时感觉头痛。心悸或恶心时，应立即离开工地，到通风处吸新鲜空气，若仍不好转，应去医务所治疗。

3）玻璃工程：玻璃裁割必须在指定场所，碎玻璃应放在指定地点。安装玻璃应在架子未拆除前进行，否则要搭设专用脚手架。在高处安装玻璃时，必须拿稳，放置时，要放在平稳可靠的地方。

4）机械及其使用：油漆工程常使用电动除锈机、风砂轮、喷枪、高压喷枪等；刷浆工程常使用手压式喷浆机、电动喷浆机等。

电动工具电源线必须通过配电箱，安装触电保护器。为了避免静电集聚引起事故，对罐体涂漆或喷涂应该设接地线装置。涂刷室内场地照明和电器设备必须按防爆等级规定进行安装。

（3）罩面板工程：罩面板工程常见的有石膏装饰板、吸音板、胶合板、木质纤维板和铝合金装饰板等罩面板工程。安装方法有紧固定、龙骨托固和粘接等。罩面板工程常使用射钉紧固技术固定龙骨、吊杆等，因此射钉工具、射钉枪的安全使用是很重要的。

射钉紧固是利用射钉枪击发射钉弹，使弹内火药燃烧释放出能量，将各种射钉直接钉入砖体或混凝土等硬质材料基体中，把需要固定的构配件如龙骨、吊杆等，直接固定在基体上。

1）射钉弹：射钉弹不准与易燃品、酸性物质、硫化物、氨化合物等混装；在搬运过程中要轻拿轻放，不准投掷、碰撞，射钉弹周围严禁烟火，存放地点的温度不高于40℃。

2）射钉操作：射钉人员要经过培训，掌握射钉枪的性能，并能拆卸和组装，正确选用射钉弹的型号和威力色标。

在操作时才允许将钉、弹装入枪内，严禁将组装好钉、弹的枪口对人。

承受射钉的基体必须坚实，并具有抵抗射击冲击力的弹度，向薄墙、轻质墙体上射钉时，墙对面不准站人，以防射穿伤人。

（4）裱糊工程：裱糊施工裁纸时注意刀不要割手，活动裁纸刀用毕应退入刀库，并放在工具袋内。使用梯子时，梯脚下面应采取防滑措施，人字梯要有挺钩，梯子立靠斜度不准超过 70°。

第五章　施工现场安全技术

第一节　临时用电

施工现场临时用电虽然是属于暂设，但是不应有临时的观点，应有正规的电气设计，加强用电管理。

一、施工用电管理规范

1. 临时用电施工的组织设计

按照《施工现场临时用电安全技术规范》（JGJ 46—2005）的规定：临时用电设备在5台及5台以上或设备容量在50 kW及50 kW以上者，应编制临时用电施工组织设计。

临时用电施工组织设计的内容包括：

（1）现场勘探。

（2）确定电源进线和变电所、配电室、总配电箱、分配电箱等装设位置及线路走向。

（3）负荷计算。

（4）选择变压器容量、导线截面积和电器类型、规格。

（5）绘制电气平面图、立面图和接线系统。

（6）制定安全用电技术措施和防火措施。

2. 建立临时用电安全技术档案

（1）临时用电施工组织设计资料是施工现场临时用电的基础技术、安全资料。

（2）施工现场临时用电技术交底资料。电气工程技术人员向安装、维修临时用电工程的电工和各种设备用电人员分别贯彻临时用电安全重点的文字资料。技术交底内容包括临时用电施工组织设计的总体意图，具体技术内容，安全用电技术措施和电气防火措施等文字资料。技术交底资料必须完备、可靠，应明确交底日期、讨论意见，交底与被交底人要签名。

3. 安全检测记录

施工现场用电的安全检测是施工现场临时用电安全方面经常性的、全面的监视工作，对及时发现并消除用电事故隐患具有重要的指导意义。安全检测的内容主要包括：临时用电工程检查验收表，电气设备的试验单和调试记录，接地电阻测定记录表，定期检（复）查表。

4. 电工维修工作记录

电工维修工作记录是反映电工日常电气维修工作情况的资料，是电工执行《施工现场临时用电安全技术规范》和电气操作规程的体现，同时也反映出现扬安全用电的实际情况。电工维修工作记录对改进现场安全用电，预防某些电气事故，特别是触电伤害事故具有重要意义。电工维修记录应尽可能详尽，要记录时间、地点、设备、维修内容、技术措施、处理结果等；对于事故维修还要进行因果分析，提出改进意见。对于应该维修的项目，如被现场管理人员阻止而未能及时维修，或由于维修人员自身原因未能及时维修均应将原因记载清楚，以备核查。

工程竣工，拆除临时用电工程时间、参加人员、拆除程序、拆除方法和采取的安全防护措施，也应在电工维修记录中详细记录。

二、施工现场对外电线路的安全距离及防护

1. 外电线路的安全距离

安全距离是指带电导体与附近接地的物体、地面、不同极（或相）带电体以及个体之间必须保持的最小空间距离或最小空气间隙。这个距离或间隙保证在各种可能的最大工作电压作用下，带电导体周围不至发生放电，而且还保证带电体周围工作人员身体健康不受损害。高压线路至接地物体或地面的安全距离见表 5-1。

表 5-1 高压线路至接地物体或地表的安全距离

外电线路的额定电压/kV		1～3	6	10	35	60	110	220j	330j	500j
外电线路的边线到接地物体或地面的安全距离/cm	屋内	7.5	10	12.5	30	55	95	180	260	380
	屋外	20	20	20	40	60	100	180	260	380

注：220j、330j、500j 是指中性点直接接地系统。

在建筑施工现场中，安全距离主要是指在建工程（含脚手架具）的外侧边缘与外电架空线路的边线之间的最小安全操作距离和施工现场的机动车道与外电架空线路交叉时的最小安全垂直距离。《施工现场临时用电安全技术规范》（JGJ 46—2005）已经作出了具体规定，见表 5-2 和表 5-3。

表 5-2 在建工程（含脚手架具）的外侧边缘与外电架空线路的边线之间的最小安全操作距离

外电线路电压/kV	1 以下	1～10	35～110	154～220	330～500
最小安全操作距离/m	4	6	8	10	15

注：上、下脚手架的斜道严禁设在外电线路的一侧。

表 5-3 施工现场的机动车道与外电架空线路交叉时的最小安全垂直距离

外电线路电压/kV	1 以下	1～10	35
最小垂直距离/m	6	7	7

2. 外电线路的防护

为了防止外电线路对现场施工构成潜在的危害。在建工程与外电线路（不论是高压还是低压）之间必须按表 5-2 保持规定的安全操作距离，机动车道与外线路之间则必须按表 5-3 保持规定的安全距离。

施工现场的在建工程受位置限制无法保证规定的安全距离，为了确保施工安全。必须采取设置防护性遮栏、栅栏以及悬挂警告标志牌等防护措施。

各种不同电压等级的外电线路至遮栏、栅栏等防护设施的安全距离如表 5-4 所示。从表中可以看出屋外部分的数据较屋内部分数据大，主要是考虑了屋外架空导线因受风吹摆动等因素。网状遮栏的设置还考虑了成年人手指可能伸入网内的因素。

表 5-4　带电体至遮栏、栅栏的安全距离

<table>
<tr><td colspan="2">外电线路的额定电压/kV</td><td>1～3</td><td>6</td><td>10</td><td>35</td><td>60</td><td>110</td><td>220j</td><td>330j</td><td>500j</td></tr>
<tr><td rowspan="2">线路边线至栅栏的安全距离/cm</td><td>屋内</td><td>82.5</td><td>85</td><td>87.5</td><td>105</td><td>130</td><td>170</td><td rowspan="2">265</td><td rowspan="2">450</td><td rowspan="2"></td></tr>
<tr><td>屋外</td><td>95</td><td>95</td><td>95</td><td>115</td><td>135</td><td>175</td></tr>
<tr><td rowspan="2">线路边线至网状遮栏的安全距离/cm</td><td>屋内</td><td>17.5</td><td>20</td><td>22.5</td><td>40</td><td>65</td><td>105</td><td rowspan="2">190</td><td rowspan="2">270</td><td rowspan="2">500</td></tr>
<tr><td>屋外</td><td>30</td><td>30</td><td>30</td><td>50</td><td>70</td><td>110</td></tr>
</table>

如果现场搭设遮栏、栅栏的场地狭窄，无法按表 5-4 要求的数据搭设时，唯一的安全措施就是与有关部门协商，采取停电，迁移外电线路或改变工程位置等。

三、施工现场临时用电的接地与防雷

人身触电事故的发生，一般分为下列两种：一是人体直接触及或过于靠近电气设备的带电部分（搭设防护遮栏、栅栏等属于防止直接触电的安全技术措施）；二是人体碰触平时不带电、因绝缘损坏而带电的金属外壳或金属架构。针对这两种人身触电情况，必须从电气设备本身采取措施和从事电气工作时采取妥善的保证人身安全的技术措施和组织措施。

1. 保护接地和保护接零

电气设备的保护接地和保护接零是防止人身触及绝缘损坏的电气设备所引起的触电事故而采取的技术措施。接地和接零保护方式是否合理，关系到人身安全，影响到供电系统的正常运行。因此，正确地运用接地和接零保护是电气安全技术中的重要内容。

接地，通常是用接地体与土壤接触来实现的。将金属导体或导体系统埋入土壤中，就构成一个接地体。工程上，接地体除专门埋设外，有时还利用兼作接地体的已有各种金属构件、金属井管、钢筋混凝土建（构）筑物的基础、非燃物质用的金属管道和设备等，这种接地称为自然接地体。用作连接电气设备和接地体的导体有：电气设备上的接地螺栓，机械设备的金属构架。以及在正常情况下不载流的金属导线等称为接地线。接地体与接地线的总和称为接地装置。

（1）接地类别：

1）工作接地：在电气系统中，因运行需要的接地（例如三相供电系统中，电源中性点的接地）称为工作接地。在工作接地的情况下，大地被作为一根导线，而且能够稳定设备导电部分对地电压。

2）保护接地：在电力系统中，因漏电保护需要，将电气设备正常情况下不带电的金属外壳和机械设备的金属构件（架）接地，称为保护接地。

3）重复接地：在中性点直接接地的电力系统中，为了保证接地的作用和效果，除在中性点处直接接地外，在中性线上的一处或多处再接地，称为重复接地。

4）防雷接地：防雷装置（避雷针、避雷器、避雷线等）的接地，称为防雷接地。防雷接地的设置主要作用是雷击防雷装置时，将雷击电流泄入大地。

（2）接地电阻：包括接地电阻、接地体本身的电阻及散流电阻。由于接地线和接地体本身的电阻很小（因导线较短，接地良好）可忽略不计。因此，一般认为接地电阻就是散流电阻。它的数值等于对地电压与接地电流之比。接地电阻分为冲击接地电阻、直接接地电阻和工频接地电阻，在用电设备保护中一般采用工频接地电阻。

（3）接地体周围土壤中的电位分布：若电气设备发生漏电故障，则接地体带电，对于垂直接地体，距离接地体 20 m 以外的土壤中流散电流所产生的电位已接近于零。

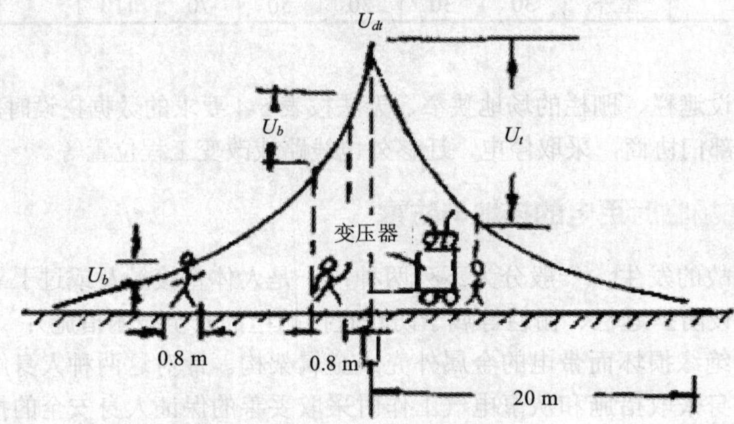

图 5-1　接地体周围土壤中的电位分布

接地体周围土壤中的电位分布，如图 5-1 所示。从图中看出，距离接地体越远处的地表面对“地”，电压越低；相反，距离接地体越近处的地表面对“地”电压越高，而接地体表面处的电位最高，接地体周围的电位分布呈双曲线形状。

（4）跨步电压：跨步电压是指当人的两足分别站在地面上具有不同对“地”电位的两点，在人的两足之间所承受的电位差。跨步电压主要与人体和接地体之间的距离，跨步的大小和方向及接地电流大小等因素有关。

人的跨步一般按 0.8 m 考虑，大牲畜的跨距可按 1～1.4 m 考虑。从图 5-1 中二人承受的跨步电压，二人与接地体的距离不同，所承受的跨步电压也不相同。距离接地体越近，跨步电压越大。一般离开接地体 20 m 以外。就可不考虑跨步电压了。

（5）安全电压：当人体有电流通过时，电流对人体就会有危害，危害的大小与电流的种类、频率、量值和电流流经人体的时间有关。流经人体电流与电流在人体持续时间的乘积等于 30 mA·s 为安全界限值。考虑到人体一般情况下的平均电阻值不低于 1 000 Ω，从而可得到人的安全电压值。安全电压额定值的等级为 50V、42V、36V、24V、12V、6V。当电气设备采用超过 24V 的安全电压时，必须采取直接接触带电体的保护措施。

2. 临时用电的基本保护系统

国际电工委员会建筑电气设备委员会将电气基本安全保护措施分为五大保护系统，

其内容如下：

（1）TN 系统：电力系统有一点直接接地，电气装置的外露可导电部分通过保护导体连接到此接地点的系统。根据中性导体和保护导体的布置，TN 系统的形式有以下 3 种：

1）TN-S 系统：在整个系统中分开的中性导体和保护导体。

2）TN-C-S 系统：系统中一部分中性导体和保护导体功能合在一根导体上。

3）TN-C 系统：整个系统，中性导体与保护导体的功能合在一根导体上。

（2）TT 系统：电源系统有一点直接接地，设备外露导电部分的接地与电源系统的接地在电气上无联系的系统。

（3）IT 系统：电源系统的带电部分不接地或通过阻抗接地，电气设备的外露导电部分接地的系统。

（4）中性点有效接地系统：中性点直接接地或经一低值阻抗接地系统。通常其零序电抗与正序电抗的比值小于或等 3，即$\left|X_0/X_1\right|\leqslant 3$，零序电阻与正序电阻的比值小于或等于 1，即 $R_0/X_1\leqslant 1$。本系统也可称为大接地电流系统。

（5）中性点非有效接地系统：中性点不接地，或经高值阻抗接地或谐振接地的系统。通常本系统的零序电抗与正序电抗之比大于 3，即 $X_0/X_1>3$，零序电阻与正序电阻的比值大于 1，即 $R_0/X_1\geqslant 1$，本系统也可称为小接地电流。

3. 施工现场的防雷

雷电是一种大气中的静电放电现象。它的形成是由某些云积累起正电荷，另一些云积累起负电荷，随着电荷的积累，电压逐渐增高，当雷云带有足够数量的电荷，又互相接近到一定程度时，发生激烈的放电，出现耀眼的闪光。同时，由于放电时温度高达 2 000℃，空气受热急剧膨胀，发出震耳的轰鸣声，这就是闪电和雷鸣。

土建施工大部分是露天工程，它是雷击的目标之一。对于施工人员来说，掌握一定的防雷知识很有必要。

（1）人身防雷措施：雷暴时，由于雷云直接对人体放电，雷电流入大地产生对地电压和由于二次放电对人体造成的电击，故必须采取安全措施。

1）雷暴时，在施工现场工作的人员应尽量少在场地逗留；在户外或野外作业时，最好穿塑料等不浸水的雨衣。有条件时，要进入有宽大金属建筑物的街道或高大树木屏蔽的街道躲避，但要离开墙壁和树木 8 m 以外。

2）雷暴时，应尽量离开小山、小丘或隆起的小道。要尽量离开海滨、河边、池塘以及铁丝网、金属晒衣绳、铁制旗杆、烟囱、宝塔、孤独的树木等，还应尽量离开设有防雷保护的小建筑物或其他设施。

3）雷暴时，在户内应注意雷电侵入的危险，应离开照明线、动力线、电话线、广播线收音机电源线、收音机和电视机天线及与其相连的各种设备。以防止这些线路或设备对人体二次放电。户内对人体二次放电事故发生在 1 m 以内的约 70%，相距 1.5 m 以上没发现死亡事故。

4）雷暴时，应注意关闭门窗，防止球形雷进入室内造成危害。

（2）施工现场的防雷保护：高大建筑物的施工工地应充分重视防雷保护。由于高层建筑施工工地四周的起重机、门式架、井字架、脚手架突出很高，材料堆积多，万一遭受雷击，不但对施工人员造成生命危险，而且容易引起火灾，造成严重事故。

高层建筑施工期间，应注意采取以下防雷措施：

1）由于建筑物的四周有起重机，起重机最上端必须装设避雷针，并将起重机钢架连接于接地装置上。接地装置应尽可能利用永久性接地系统。如果是水平移动的塔式起重机，其地下钢轨必须可靠地接到接地系统上。起重机上装设的避雷针，应能保护整个起重机及其电力设备。

2）沿建筑物四角和四边竖起的木、竹架子上，做数根避雷针并接到接地系统上。针长最小应高出木、竹架子 3.5 m，避雷针之间的间距以 24 m 为宜。对于钢脚手架，应注意连接可靠并要可靠接地。如施工阶段的建筑物当中有突出高点，应如上述加装避雷针。在雨期施工应随脚手架的接高加高避雷针。

3）建筑工地的井字架、门式架等垂直运输架上，应将一侧的中间立杆接高，高出顶墙 2 m 作为接收器，并在该立杆下端设置接地线，同时应将卷扬机的金属外壳可靠接地。

4）应随时将每层楼的金属门窗（钢门窗、铝合金门窗）和现浇混凝土框架（剪刀墙）的主筋可靠连接。

5）施工时应按照正式设计图纸的要求，先做完接地设备。同时，应当注意跨步电压的问题。

6）在开始架设结构骨架时，应按图纸规定，随时将混凝土柱子的主筋与接地装置连接，以防施工期间遭到雷击而被破坏。

7）应随时将金属管道及电缆外皮在进入建筑物的进口处与接地设备连接，并应把电气设备的铁架及外壳连接在接地系统上。

四、施工现场配电室及自备电源

1. 配电室的位置选择

（1）配电室的位置选择：配电室的位置选择应根据现场负荷类型、大小和分布特点、环境特征等进行全面考虑。正确选择配电室的位置应符合以下原则。

1）配电室应尽量靠近负荷中心，以减少线路的长度和减少导线的截面积，提高配电质量，同时还能使配电线路清晰，便于维护。

2）进出线方便，并要便于电气设备的搬运。

3）尽量避开多尘、振动、高温、潮湿等场所，以防止尘埃、潮气、高温对配电装置导电部分和绝缘部分的侵蚀，防止振动对配电装置运行的影响。

4）尽量设在污染源的上风侧，防止因空气污秽引起电气设备绝缘及导电水平降低。

5）不应设在容易积水场所的正下方。

（2）配电室的布置。配电室一般是独立式建筑物，配电装置设置在室内。在低压配电室里，常用的低压配电屏型号及结构的简要特征见表 5-5。

配电室内的配电屏是经常带电的配电装置，为了保证运行安全和检查、维修安全，装置之间及装置与配电室顶棚、墙壁、地面之间必须保持电气安全距离。例如：配电屏正面操作通道宽度：单列布置时应不小于 1.5 m，双列布置时应不小于 2 m；配电屏后面的维护、检修通道宽度应不小于 0.8 m 等。配电屏还应采取如下安全技术措施。

表 5-5 配电屏型号及结构的简要特征

配电屏型号	结构简要特征
BSL—1	双面维护、非靠墙装置
BSL—6	双面维护、非靠墙装置
BSL—10	双面维护、非靠墙装置
BDL—1	单面维护、单靠墙装置
BDL—10	单面维护、单靠墙装置
BFL—3	单面维护、单靠墙装置

1）配电屏上的各条线路均应统一编号，并作出用途标记，以便管理，利于正常安全操作。

2）配电屏应装设短路、过负荷、漏电等电气保护装置，主要对配电系统中开关箱以上的配电装置（包括电力变压器）和配电线路实行短路保护、过载保护和漏电保护。

3）成列的配电屏（包括控制屏）的两端应与重复接地和专用保护零线做电气连接，以实现所有配电屏正常不带电的金属部件与大地等电位的等位体。

4）配电屏或配电线路维修时，应停电并悬挂标志牌，以避免停、送电时发生误操作。

（3）配电室建筑的要求：对配电室建筑的基本要求是室内搬运、装设、操作和维修方便，以及运行安全可靠。其长度和宽度应根据配电屏的数量和排列方式决定；其高度要视进、出线的方式（电缆埋地敷设或绝缘导线架空敷设）以及墙上是否设隔离开关等因素而定。

配电室建筑物的耐火等级不低于三级，室内不准存放易爆、易燃物品，并应配备砂箱、1211 灭火器等。配电室应有自然通风和采光，设有隔层及防水、排水措施，还需有避免小动物进入的措施。配电室的门向外开并加锁，以便于紧急情况下室内人员撤离和防止闲杂人员随意进入。

2. 自备电源

当外电线路电力供电不足或其他原因而停止供电时就须自备电源。

按照《施工现场临时用电安全技术规范》（JGJ 46—2005）的规定，施工现场临时用电应采用具有专用保护零线的、电源中性点直接接地的三相四线制供电系统。为了保证自备发电机组电源的供配电系统运行安全、可靠，并且充分利用已有的供配电线路，自备发配电系统也应采用具有专用保护零线的、中性点直接接地的三相四线制供配电系统。但该系统运行时，必须与外电线路（例如电力变压）部分在电气上完全隔离，即所谓独立设置，以防止自备发电机供配电系统通过外电线路电源变压器低压侧向高压侧反馈送电而造成危险。

在如图 5-2 所示的线路中，如果外电线路高压侧拉闸停电，自备发电机投入运行，FDK、FNPEK 关合，DK、NPEK 未分断，则自备发电机不仅向施工现场的负载供电，而且还向外电线路低压侧的负载供电，同时使电力变压器 T 处于升压反馈送电工作状态，这对电力变压器高压侧的工作人员来讲，易带来意外高压触电危险。即使分断电源开关，上述反馈送电的危险仍然存在，是由于施工现场用电设备中的不平衡电流经过工作零线流入变压器 T 的低压绕组所造成的。

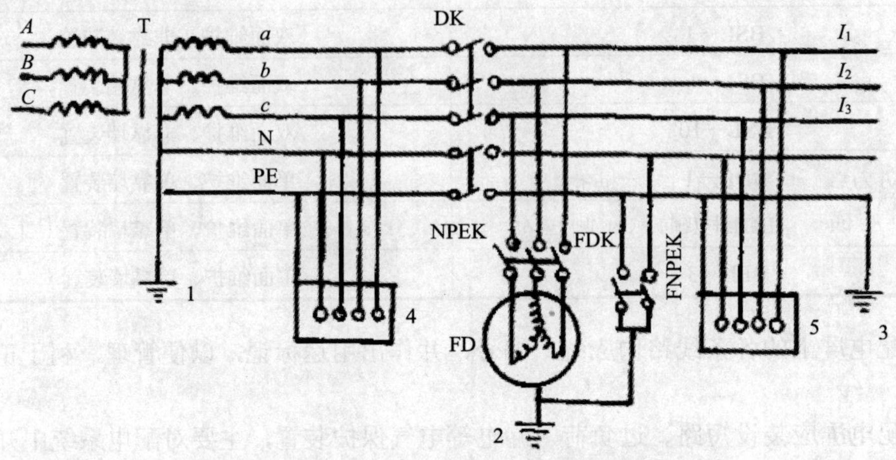

图 5-2　具有自备发电机组的施工现场供电系统线路

T—三相电力变压静；DK—电源开关；FD—发电机；NPEK—零线隔离开关；

FDK—发电机电源开关；FNPEK—发电机零线开关

1—表示电力变压器 T 的工作接地；2—表示发电机 FD 的工作接地；

3—配电系统重复接地；4—线路的负载；5 一施工现场负载

外电线路高压侧分闸断电后，自备发电机组投入运行前，必须先将开关 DK 和 NPEK 分闸断开，然后再依次将 FNPEK 和 FDK 开关合闸，使发电机组投入运行，以实现自备发电机供电系统与外电线路的电气隔离，并体现接地、接零系统设置的独立性。

施工现场临时用电自备发电机供配电系统的设置必须遵守以下三项规定：

（1）自备发电机组电源应与外电线路电源相互连锁，严禁并列运行。

（2）自备发电机组电源的接地、接零系统应独立设置，与外电线路隔离，不得有电气连接。

（3）自备发电机组的供配电系统应采用有专用保护零线的三相四线制中性点直接接地系统。

五、施工现场的配电线路

施工现场的配电线路包括室内线路和室外线路。室内线路通常有绝缘导线和电缆的明敷设和暗敷设；室外线路主要有绝缘导线架空敷设和绝缘电缆埋地敷设两种，也有电缆线架空明敷设的。

1. 架空线路的要求

架空线路由导线、绝缘子、横担及电杆等组成。

（1）架空线路必须采用绝缘铜线或绝缘铝线，铝线的截面积大于 16 mm^2，铜线的截面积大于 10 mm^2。

（2）架空线路严禁架设在树木、脚手架及其他非专用电杆上，且严禁成束架设。架空线路的档距不得大于 35 m，线间距不得大于 30 mm，架空线的最大弧垂处与地面最小距离（施工现场一般为 4 m，机动车道为 6 m，铁路轨道为 7.5 m）。

（3）架空线的相序排列规定：

1）工作零线与相线在一个横担架设时，导线排列相序是：面向负荷从左侧起为为 A（N）、B、C。

2）和保护零线在同一横担架设时，导线的排列顺序是：面向负荷从左侧起为 A（N）、B、C（PE）。

3）动力线、照明线在两个横担上分别架设时，上层横担，面向负荷从左倒起为 A、B、C；下层横担，面向负荷从左侧起为 A（B、C）、（N）、（PE）；在两个横担上架设时，最下层横担面向负荷，最右边的导线为保护零线（PE）。

2. 室内配电线的要求

安装在室内的导线，以及它们的支持物、固定用配件，总称室内配线。

室内配线分明装、暗装两种，明装导线是沿屋顶、墙壁敷设；暗装导线是敷设在地下、墙内，顶棚上面等看不到的地方。一般应满足以下使用安全要求。

（1）导线的线路应减少弯曲；导线绝缘层应符合线路的安全方式和敷设的环境条件。

（2）导线的额定电压应符合线路的工作电压；导线截面积要满足供电容量要求和机械强度要求；导线连接应尽量减少分支、不受机械作用；线路中应尽量减少接头。

（3）线路布置尽可能避开热源，应便于检查。

（4）水平敷设的线路距地面低于 2 m 或垂直敷设的线路距地面低于 1.8 m 的线段，应预防机械损伤。

（5）为防止漏电，线路对地的绝缘电阻不小于 100 Ω/V。

3. 电缆线路的要求

（1）确定敷设电缆的方式和地点，应以方便安全、经济、可靠为依据。电缆直埋方式，施工简单、投资省、散热好，应首先考虑。敷设地点应保证电缆不受机械损伤或其他热辐射，同时应尽量避开建筑物和交通设施。

（2）电缆直接埋地的深度不小于 0.6 m，并在电缆上下均匀铺设不小于 50 mm 厚的细砂，再覆盖砖等硬质保护层，并在地上插有标志。

（3）电缆穿过建筑物、构筑物时须设置护管，以免机械损伤。

（4）电缆架空敷设时，应沿墙壁或电杆设置。严禁用金属裸线做绑线，电缆的最大弧垂距地不小于 2.5 m。

六、施工现场的配电箱和开关箱

1. 配电箱与开关的设置

（1）设置原则：施工现场应设总配电箱（或配电室），总配电箱以下设分配电箱，分配电箱以下设开关箱，开关箱以下是用电设备。

（2）总配电箱是施工现场的配电系统的总枢纽，装设位置应便于电源引入，靠近负荷中心，减少配电线路。缩短配电箱距离等因素综合确定。分配电箱应考虑用电设备的分布情况分片装设在用电设备或负荷相对集中的地区，分配电箱与开关箱的距离应力求缩短。

开关箱与所控制的用电设备的距离不宜过长，保证当操作开关箱的开关时用电设备启动、停止和运行情况能在操作者的监护视线范围之内。

配电箱和开关箱的装设环境应符合以下要求：

1）防雨、防尘、干燥、通风，在常温下，无热源烘烤，无液体浸溅；

2）无外力撞击和强烈振动；

3）无严重瓦斯、蒸汽、烟气及其他有害介质影响；

4）配电箱、开关箱应保证有足够的工作场地和通道，周围不应有杂物。

（3）电气安全技术措施：

1）配电箱、开关箱的箱体材料一般选用铁板，也可用绝缘板。

2）配电箱、开关箱内部开关的安装应符合技术要求，工作位置安装端正、牢固、不倒置、歪斜、松动。移动式配电箱、开关箱应牢固，安装在稳定、坚实的支架上。安装高度能适应操作，通常固定式配电箱、开关箱的下底面安装高度为 1.3～1.5 m，移动式配电箱、开关箱底面安装高度为 0.6～1.5 m。

3）配电箱、开关箱的进出口导线敷设时应加强绝缘，并卡固。进出口线应一律设在箱体的下面，导线不得承受超过导线自重的拉拽力，以防止导线被拉断或在箱内的接头被拉开。

4）配电箱、开关箱的铁质箱体应作可靠的保护接零。保护零线应按国际标准采用绿/黄双色线，并通过专用接线端子板连接，并与工作接零相区别。

2. 配电箱与开关箱的使用

为了保障配电箱、开关箱安全使用，应注意以下问题：

（1）加强对配电箱、开关箱的管理，防止误操作造成危害。所有配电箱和开关箱应在其箱门处标注编号、名称、用途和分路情况。配电箱、开关箱必须专箱专用，不能另挂其他临时用电设备。

（2）为了防止停、送电时电源手动隔离开关带负荷操作，对用电设备在停、送电时进行监护，配电箱、开关箱之间操作应当遵循合理的顺序。送电时操作顺序应当是总配电箱（配电室内的配电屏）—分配电箱—开关箱；停电时操作顺序应当是开关箱—分配电箱—总配电箱（配电室的配电屏）。

对于配电箱和开关箱里的开关电器，应遵循相应的操作顺序。送电时应先关合手动开关电器，后关合自动开关电器；停电时先分断自动开关电器，后分断手动开关电器。

在出现电器故障，尤其是发生人体触电伤害时，允许就地就近将有关开关分断。

（3）为了保证配电箱、开关箱的正确使用，及时发现使用过程中的隐患和问题，及时维修并防止事故发生，必须对配电箱、开关箱的操作者进行必要的岗前技术、安全培训，通过培训达到掌握安全用电基本知识，熟悉所用设备的电气性能，熟悉掌握有关电器的正确操作方法。

配电箱、开关箱的操作人员上岗应按规定穿戴合格的绝缘用品，经外观检查确认有关配电箱、开关箱、用电设备、电气线路和保护设施完好后方能进行操作。当发现问题或异常时应及时处理。例如，当控制电动机的开关合闸后，电动机不能启动，则应立即拉闸断电，进行检查处理。又如，若发现保护零线断线和接头松动、脱落，应重新牢固连接才可操作。对配电箱、开关箱、电气线路、用电设备和保护设施进行检查处理应由专业人员完成。

（4）施工现场临时用电工程的运行环境条件较正式电气工程差，应对配电箱和开关箱定期检查、维修、检查、维修周期应适当缩短，一般一月一次为宜。

更换熔断器的熔体（熔丝）时，必须采用原规格的合格熔丝，禁止用非标准的、不合格的熔体代替。

为了保证配电箱、开关箱内的开关电器能安全运行，应经常保持箱内整洁、干燥，无杂物，更不能放置易燃品和金属导电器材，防止开关火花点燃易燃易爆物品，防止金属导电器材意外触碰带电部分引起电器短路或人体触电。

（5）熔断器熔件的选择：一般情况下，熔件的熔断电流超过熔断器额定电流的 1.3～2.1 倍时，熔件就会熔断，而且电流愈大，熔断愈快。采用保护接零的系统，为了能在发生单相碰巧短路时，立即断开线路，一般线路单相短路电流应大于熔断器额定电流的 3 倍以上，为了躲过线路上的峰值电流，熔断器的额定电流应大于允许负荷的 1.5～2.5 倍，选用方法是：

1）单台电动机负荷时，熔件的额定流量应大于电动机额定流量的 1.5～2.5 倍。

2）多台电动机负荷时，熔件的额定流量应大于最大一台电动机额定电流的 1.5～2.5 倍与其他电动机额定流量之和。

3）没有冲击的负荷，如照明线路等，熔件的额定电流应大于负荷的电流。

七、供用电设备安全要求

1. 配电变压器

配电变压器在建筑施工中应用广泛。它是一种静止电器，起升高电压或降低电压的作用。建筑施工企业自用变压器均用来降低电压，通常把 10 kV 的高压变换为 380V/220V 的低压电。380V 的电压可供三相电动机使用，220V 的电压可供建筑用的电动工具及现场照明使用。

（1）保证变压器运行的安全措施：

1）室内安装的变压器须是耐火建筑；变压器室的门应用不燃的材料制成，并且门应向外开。

2）对于高压侧电压为 10 kV，变压器容量为 750 kVA 的变压室，室内应有蓄油坑。

3）变压器的下方应设有通风墙，墙上方或屋顶应有排气孔，以利变压器散热良好。

4）变压器室的门应随时上锁，并应在门上悬挂“高压危险”的警告牌。

5）变压器及其他变电设备的外壳均应有可靠接地。采用保护接零的低压系统，中性点应通过击穿保险器接地。

6）运行中的变压器高压侧电压不应与相应的额定值相差 5%。变压器各相电流不应超过额定电流的 25%。

7）变压器上层油温不能超过 85℃，必须保证足够的油量和质量；要经常观察有无漏油或渗油现象；观察油位指示是否正常；油的颜色是否由浅黄加深或变黑。

8）变压器的套管是否清洁，有无裂纹和放电痕迹。

（2）变压器停止使用的范围：

1）箱体漏油使油面低于油面计上的限度，并有继续下降的趋势。

2）油枕喷油。

3）音响不均匀或有爆裂声。

4）油色过深，油内出现碳质。

5）套管有严重裂纹和放电现象。

变压器在运行中一般每 10 年大修一次，每年小修一次。若安装在污秽地区的变压器需另行处理。

2. 电动机的安全要求

选用电动机时为了保证安全，必须考虑工作环境。例如，潮湿、多尘的环境或户外应选用封闭式电动机，在可燃或爆炸性气体的环境中，应选用防爆式电动机。

电动机的功率必须与生产机械载荷的大小，持续、间断的规律相适应。此外，还要满足转速、启动的要求，机械特性的要求和安装方面的要求。

电动机运行时，应注意以下问题：

（1）各部温度不超过允许温度。

（2）电压波动不能太大。因为转矩与电压的平方成正比，所以电压低对转矩的影响很大。一般情况下，电压波动不得超过－5%～+10%的范围。

（3）电压不平衡不能太大。三相电压不平衡会引起电动机额外发热。一般三相电压不平衡不能超过 25%。

（4）三相电流不平衡不能太大。如果电流不平衡不是电源造成。则可能是电动机内部有某种故障。当各相电流均未超过额定电流时，最大不平衡电流不得超过额定电流的 10%。

（5）音响和振动不得太大。新安装的电动器，同步转速为 3 000 r/min 时要求振动值不超过 0.06 mm；1 500 r/min 时不超过 0.1 mm；1 000 r/min 时不超过 0.13 mm；750 r/min 以下时不超过 0.16 mm。

（6）线绕式电动机的电刷与滑环之间应接触良好，没有火花产生。

（7）三相电动机不准两相运行，电动机一相断电，容易因过热而损坏绝缘，应立即切断电源。

（8）机械部分不能被卡住。

（9）电动机必须保持足够的绝缘能力。

八、施工现场照明

合理的电气照明是保证安全生产、提高劳动生产率和保护工作人员视力健康的必要条件。施工现场照明的合理设置对正常施工和安全是重要的技术条件。

1. 照明供电质量

提高供电质量是保证施工现场照明的基本条件。影响照明供电质量的主要因素是电压偏移。一切用电设备只有在额定电压下运行时才有最好的使用效果，电压偏移越大，用电设备的使用效果越差。白炽灯当电压降低 5%时，光通量降低 18%；电压降低 10%，光通量降低 30%。电压比额定电压升高时。白炽灯的寿命明显缩短。一般工作场所的室内照明、露天工作场所照明，允许电压偏移值为 2.5%。

2. 照明线路导线截面的选择

施工现场照明线路导线截面的选择应兼顾以下几方面：导线的机械强度，导线的允许电流，导线的电压损失，接短路电流检校线路。

（1）根据机械强度要求，允许的最小导线截面见表 5-6。

表 5-6　根据机械强度允许的最小导线截面

导线敷设方式	支持点距离/m	截面/mm²	
		铜　芯	铝　芯
吊灯用软线		0.75	
瓷珠配线	1.5 以下	1	2.5
瓷瓶配线	2.0 以下	1.5	4
	3.0 以下	1.5	4
	6.0 以下	2.5	4
槽板配线		1	1.5
穿管配线		1	2.5
铝卡片配线	0.3 以下	1	2.5
建筑物内裸线		2.5	6
建筑物外沿墙敷设绝缘线	20 以下	4	10
引下线绝缘导线	10 以下	2.5	4
380V/220V 架空裸导线		6	16

导线截面必须满足机械强度要求和允许电流要求。

（2）电压偏移：电流由电源（变压器）、线路流向负荷，由于电源和线路存在阻抗而产生电压损失。使照明端处产生了电压偏移，即照明端处的实际电压与额定电压有了偏差。因照明（如灯泡）不变，如要减少电压损失，则必须减小线路阻抗。为此，只有增加导线的截面积。

3. 照明安全要求

经常有人活动的环境中的照明，如局部照明灯、行灯、标灯等的电压不得超过 30V。潮湿场所或金属管道照明不超过 12V。

行灯电源线应使用橡套缆线，不得使用塑料软线。

行灯变压器应使用双圈的，一、二次侧均必须加保险，一次电源线应使用三芯橡胶线，其长度不应超过 3 m。行灯变压器必须有防水防雨措施。

行灯变压器金属外壳及二次线圈应接零保护。

办公室、宿舍的灯，每盏应设开关控制；工作棚、场地应采用分路控制，但要使用双极开关。灯具对地面垂直距离不应低于 2.5 m，距可燃物应当保持安全距离。室外灯具距地不低于 3 m。

第二节　施工现场防火

一、燃烧

1. 燃烧及其条件

燃烧一般是指某些可燃物在较高温度时与空气中的氧或其他氧化剂进行剧烈化学反应而发生的放热、发火现象。燃烧必须具备3个条件：

（1）可燃物。不论是固体、液体、气体，凡是能与空气中的氧和其他氧化剂起剧烈反应的物质，一般都称为可燃物质。如木材、石油、煤气等。

（2）火源。指能引起可燃物质燃烧的热能，如火焰、电火花等。

（3）助燃物。凡能帮助燃烧的物质都叫助燃物质，如氧气、氯气等。

上述3个条件，与下列3个因素相互作用，就能产生燃烧现象。

2. 影响燃烧性能的主要因素

（1）燃点。火源接近可燃物质能使其发生持续燃烧的最低温度，叫着火点或燃点。燃点越低，火灾的危险性就越大。

（2）自燃点。可燃物质与空气混合后，共同均匀加热到不需要明火而自发着火的最低温度，称为自燃点。自燃点越低，火灾危险性就越大。

（3）自燃。自热燃烧称为自燃。堆放物越多，越容易引起燃烧。

（4）闪点。可燃物体挥发出的蒸气与空气形成混合物，遇火源接触能够发生闪燃的最低温度即为闪点。闪点越低，火灾危险性越大。

（5）燃烧速度。可燃气体单位时间内被燃烧掉的数量或体积量度为燃烧速度。燃烧速度越快，引起火灾的危险性越大。

（6）诱导期。在引着火前所延滞的时间称为诱导期。延滞时间短，火灾危险性便大。

（7）最小引燃量。所需引燃量越少，引起火灾的危险性就越大。

二、施工现场仓库防火

1. 易燃仓库的设置及储存注意事项

（1）易着火的仓库应设在水源充足，消防车能到达的地方。并应设在下风方向。

（2）易燃仓库四周，应有不小于 6 m 的平坦空地作为消防通道，通道上严禁堆放障碍物。

（3）储量大的易燃仓库，应设两个以上的大门，并应将生活区、生活辅助区和堆放场分开布置。

（4）易燃仓库堆料场与其他建筑物、铁路、道路，架高电线的防火间距，应按《建筑设计防火规范》（GB 50016—2006）的有关规定执行。

（5）对于易引起火灾的仓库，应将仓房内、外按每 500 m² 的区域分段设立防火墙，把平面划分为若干个防火单元，以便考虑失火后能阻止火势的扩散。

（6）有明火的生产辅助区和生话用房与易燃堆垛之间，至少应保持 30 m 的防火间距。

有飞火的烟囱应布置在仓库的下风地带。

（7）易燃仓库堆料场应分堆垛和分组设置，每个垛的面积为：稻草不得大于 150 m²、木材（板材）不得大于 300 m²、锯末不得大于 200 m²。堆垛之间应留 3 m 宽的消防通道。

2. 储存注意事项

（1）对储存的易燃货物应经常进行防火安全检查，发现火险隐患，必须及时采取措施，予以消除。

（2）在易燃物堆垛附近不准生火烧饭，不准吸烟。

（3）稻草、锯末、煤等材料的堆放垛，应保持良好通风，并应经常注意堆垛内的温度变化。发现温度超过 38℃，或水分过低时，应及时采取措施，防止其自燃起火。

三、施工现场防火要求

（1）施工现场的平面布置、施工方法和施工技术，均应符合消防安全要求。

（2）施工现场应明确划分用火作业，易燃可燃材料堆放、仓库、废品集中站和生活等的区域。

（3）施工现场的道路应畅通无阻；夜间应设照明，并加强值班巡逻。

（4）不准在高压架空线下面搭设临时性建筑物或堆放可燃物品。

（5）土建开工前应将消防器材和设施配备好，并应敷设好室外消防水管、消火栓、砂箱、铁锨等。

（6）乙炔发生器和氧气瓶存放之间的距离不得小于 2 m，使用时两者的距离不得小于 5 m。

（7）氧气瓶、乙炔发生器等焊割设备的安全附件应完整而有效。否则，严禁使用。

（8）施工现场的焊、割作业必须符合防火要求，严格执行“十不烧”规定：

① 焊工必须持证上岗，无证者不准进行焊、割。

② 属一、二、三级动火范围的焊、割作业，未经办理动火审批手续的，不准进行焊、割。

③ 焊工不了解焊件内部是否有易燃、易爆物品时，不得进行焊、割。

④ 焊工不了解焊、割现场周围情况时，不得进行焊、割。

⑤ 各种装过可燃气体、易燃液体和有毒物质的容器，未经彻底清洗，或未排出危险之前，不准进行焊、割。

⑥ 用可燃材料做保温层、冷却层、隔音、隔热设备的部位，或火星能飞溅到的地方，在未采取切实可靠的安全措施之前，不准焊、割。

⑦ 有压力或密闭的管道、容器的，不准焊、剖。

⑧ 焊、割部位附近有易燃易爆物品，在未作清理或未采取有效的安全防护措施前，不准焊、剖。

⑨ 附近有与明火作业相抵触的工种在作业时，不准焊、割。

⑩ 与外单位相连的部位，在没有弄清有无险情，或明知存在危险而未采取有效的措施前，不准焊、割。

（9）施工现场用电，应严格按照用电安全管理规定，加强电源管理，以便防止发生电气火灾。

（10）冬季施工采用煤炭取暖，应符合防火要求和指定专人负责管理。

四、禁火区域的划分和特殊建筑施工现场的防火

1. 禁火区域的划分

（1）凡属下列情况之一的均属一级动火：

1）禁火区域内；

2）油罐、油箱、油槽车和储存过可燃气体、易燃气体的容器以及连接在一起的辅助设备；

3）各种受压设备；

4）危险性较大的登高焊、割作业；

5）堆有大量可燃和易燃物质的场所；

6）比较密封的室内、容器内、地下室等场所。

（2）凡属下列情况之一的为二级动火：

1）在具有一定危险因素的非禁火区域内进行临时焊、割等作业；

2）小型油箱等容器；

3）登高焊、割等作业。

（3）在非固定的、无明显危险因素的场所进行用火作业，均属三级动火作业。

（4）施工现场的动火作业，必须执行审批制度。

1）一级动火作业由所在工地负责人填写动火申请表和编制安全技术措施方案，报公司安全部门批准后，方可动火。

2）二级动火作业由所在工地负责人填写动火申请表和制订安全技术措施方案，报本单位主管部门审查批准后，方可动火。

3）三级动火作业由所在班组填写动火申请表，经工地负责人审查批准后，方可动火。

2. 特殊建筑施工现场的防火

（1）24 m 以上的高层建筑的施工现场，应设置具有足够扬程的高压水泵或其他防火设备及设施。

（2）增设临时消防水箱，必须保证有足够的消防水源。

（3）进入内装饰阶段，要明确规定吸烟点。

（4）严禁在屋顶用明火熔化柏油。

（5）高层建筑和地下工程施工现场应具有通信报警装置，以便于及时报告险情。

五、灭火器材的配备和使用

1. 灭火器材的配备

（1）现场仓库消防灭火设施：

1）仓库的室外消防用水量，应按照《建筑设计防火规范》（GB 50016—2006）的有关规定执行。

2）应有足够的消防水源，其进水口一般不应少于两处。

3）消防管道的口径应根据所需最大消防用水量确定，一般不应小于 150 mm。消防管道的设置应呈环状。

4）室外消防栓应沿消防车道或堆料场内交通路的边缘设置，消防栓之间的距离不应

大于 50 m。

5）采用低压给水系统，管道内的压力在消防用水量达到最大时，不低于 0.1MPa；采用高压给水系统，管道内的压力应保证两支水枪同时布置在堆场内最远和最高处的要求，水枪充实水柱不小于 13 m，每支水枪的流量不应小于 5 L/s。

6）仓库或堆场内，应分组布置酸碱、泡沫、二氧化碳等灭火器，每组灭火器不应少于 4 个，每组灭火器的间距不应大于 30 m。

（2）施工现场灭火器材的配备：

1）一般的临时设施区，每 100 m 配备两个 10 L 灭火机；大型临时设施面积超过 1 200 m^2 的，应备有专供消防用的太平桶、积水桶（池）、黄砂池等器材设施。上述周围不得堆放物品。

2）临时木工间，油漆间，木、机具间等，每 25 m^2 应配置一个种类合适的灭火机；油库、危险品仓库应配备足够数量、种类的灭火机。

2. 灭火器材的使用

几种灭火机的性能、用途和使用方法见表 5-7。

表 5-7　几种灭火机的性能和用途

灭火机种类	二氧化碳灭火机	四氯化碳灭火机	干粉灭火机	2111 灭火机
	2 kg 以下 2～3 kg 5～7 kg	2 kg 以下 2～3 kg 5～8 kg	8 kg 50 kg	1 kg 2 kg 3 kg
药剂	液化二氧化碳	四氯化碳液体，并有一定压力	钾盐或钠盐干粉并有盛装压缩气体的小钢瓶	二氟一氯一溴甲烷，并充填压缩氮
用途	不导电。扑救电气、精密仪器、油类和酸类火灾；不能扑救钾、钠、镁、铅物质火灾	不导电。扑救电气设备火灾；不能扑救钾钠、镁、铝、乙炔、二硫化碳火灾	不导电。扑救电气设备火灾和石油产品、油漆、有机溶剂、天然气火灾；不宜扑救电机火灾	不导电。扑救电气设备、油类、化工化纤原料初起火灾
效能	射程 30 m	3 kg，喷射时间 30s，射程 7 m	8 kg，喷射时间 4～8s，射程 4.5 m	1 kg，喷射时间 6～8 s，射程 2～3 m
使用方法	一只手拿喇叭筒对着火源，另一只手打开开关	只要打开开关，液体就可喷出	提起圈环，干粉就可喷出	拔下铅封或横销，用力压下压把
检查方法	每三个月测量一次，当减少原重 1/10 时应充气	每三个月试喷少许，压力不够时应充气	每年检查一次干粉是否受潮或结块；小钢瓶内气体压力每半年检查一次。如重量减少 10%应换气	每年检查一次重量

六、防火管理

1. 施工现场仓库防火管理

（1）易燃仓库的装卸管理：

1）拖拉机不准进入仓库、堆料场地进行装卸作业，其他车辆进入仓库或在堆料场装卸时，应安装符合要求的火星熄灭器。

2）在仓库或堆料场内进行吊装作业时，其机械设备必须符合防火要求，严防产生火星，引起火灾。

3）装过化学危险物品的车，必须在清洗干净后方可装运易燃和可燃物。

（2）易燃仓库的用电管理：

1）仓库或堆料场内一般应使用地下电缆。若有困难设置架空电力线时，架空电力线与露天易燃物堆垛的最小水平距离不应小于电杆高度的 1.5 倍。

2）仓库或堆料场使用的照明灯与易燃堆垛间至少应保持 1 m 的距离。

3）仓库或堆料场严禁使用碘钨灯，以防电气设备起火。

4）安装的开关箱、接线盒应距离堆垛外缘不小于 1.5 m，不准乱拉临时电气线路。

5）对仓库或堆料场内的电气设备，应经常检查维修和管理。储存大量易燃品的仓库场地应设置独立的避雷装置。

2. 施工现场火灾事故的管理

（1）施工现场发生火警或火灾，应立即报告公安消防部门，以最快的速度组织抢救。

（2）在火灾事故发生后，施工单位和建设单位应共同做好现场保护，并会同消防部门进行现场勘察工作。

（3）对火灾事故的处理提出建议，并提出和落实防范措施。

3. 建立、健全防火制度

（1）建立、健全消防组织和检查制度：

1）公司、工区、施工队均应建立系统的消防组织。建立义务消防队，每班有消防员。

2）定期实行防火检查制度，发现火险隐患，必须立即消除；一时难以消除的隐患，必须定人员、定项目、定措施限期整改。

（2）各级消防队负责人职责：

1）贯彻执行消防法规和有关指示。

2）组织制定岗位防火责任制度，火源、电源管理制度。建立、健全门卫制度、值班巡查制度、安全防火检查制度和防火操作制度。

3）划分防火责任区，指定区域防火负责人，明确职责，逐级落实防火任务。

4）领导专职、义务消防（员）队，加强管理教育和业务训练，组织职工扑灭火灾，定期组织防火安全检查。

5）负责组织消防器材设备的配置、维修和管理。

6）负责组织向职工进行防火安全教育，普及消防知识，提高职工防火警惕性。

7）对各种专业人员和新职工进行专业防火安全知识教育。

8）配备专人负责经常检查、监督危险仓库的消防安全工作。

（3）建立奖惩制度：

1）奖励制度：

① 凡在仓库消防工作中，积极参加各项消防工作活动，并坚守消防规章制度，未出现大小消防事故者应给予物质奖励。

② 面临火灾机智勇敢地进行扑救，且有显著成效的单位和个人应受到表彰和奖励。

2）惩罚制度：

① 对违犯规定，造成火灾的有关人员，应视情节给予警告、罚款、行政拘留的处罚。

② 造成严重后果构成犯罪的，应由公安、司法机关依法追究刑事责任。

第三节　施工现场其他安全技术

一、道路运输安全技术

1. 道路运输安全系统

施工企业都拥有一定数量的机动车辆，如载重汽车、工具车、机动翻斗车、自卸汽车、平板拖车、各种专业用车和大、小客车等。这些车辆不仅在施工区域内行驶，还要到市内或外地执行运输任务。只要车子一开动，就形成一个独立的作业场面，成为一个车辆驾驶系统，如图 5-3 所示。

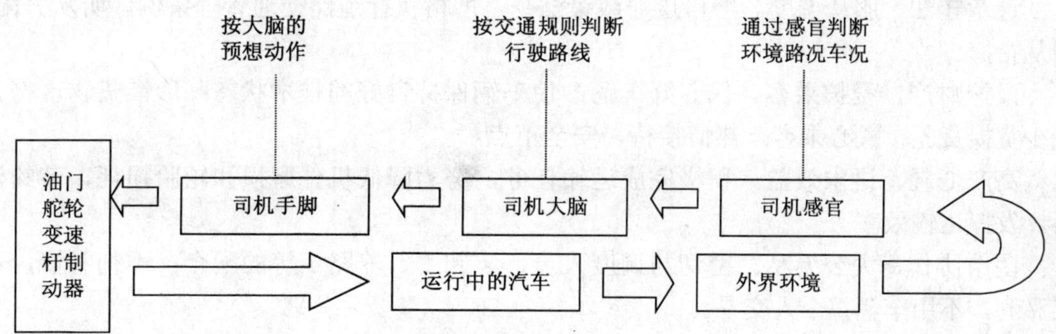

图 5-3　车辆驾驶系统

从图 5-3 可知，车辆驾驶系统的安全，除取决于车况、路况、环境外，主要取决于司机。因此，道路安全技术管理的核心问题是对司机的管理。

2. 驾驶员操作要点

（1）预热升温，保持温度。

冷车发动前，应根据气候条件进行预热。在冬季行车，应带发动机保温套或散热器帘；在严寒地区行车，应携带预热及保温设备。

发动冷车应冷摇慢转轴十数转，启动后利用高怠速运转升温。起步时，发动机水温不低于 50℃，运行中水温应保持在 80～90℃。

（2）低挡起步，注意安全。

起步先看车辆四周和车下有无障碍物，各种仪表是否正常，制动气压是否达到标准，货物装载是否稳妥，乘客是否坐稳，有无车辆超越或行人贴车通过。

重车和冷车须用一挡起步，起步后循序换挡，不得高速挡低速行驶或低速挡高速行驶。

车辆发动前，变速杆应放到空挡位置，并拉紧手刹车。

（3）平稳行驶，正常滑行。

行驶中注意选择路面，爬起伏小坡应适当加速，利用冲力上坡，遇长坡、陡坡，要提前换挡，不硬撑、硬冲，保持余力。

在熟悉的道路上，可选择路段正确滑行。除预定减速停车外，不得熄火滑行。下坡时，严禁空挡滑行。通过铁路、陡坡、急弯、傍山险路、冰雪路面、泥泞路道时，严禁滑行。

（4）涉水过泽，掌握要领。

车辆涉水和过漫水桥、泥泞、翻浆道路时，须查明行车线路，派人引车，低速行驶，不得急刹车，严禁熄火。如果水深超过排气管时，不得强行通过。

如车辆被陷，须用车牵引时，应按规定有专人指挥。

3. 对车辆驾驶员的要求

（1）一般要求：

技术熟练、勤奋好学。努力钻研驾驶技术，练好基本功；熟悉新车辆，掌握新操作；摸索车、畜、人的活动规律和特点，积累安全行车经验。

遵章守法，服从调度。严格遵守政策法令，严格执行道路交通管理条例，听从分配，服从指挥。

爱护财产，爱护乘客。保养好车辆，使车辆保持良好的技术状态；珍惜货物，努力减少货损货差；关心乘客，热情接待，安全正点。

高产低耗，讲求效益。积极完成运输任务，努力降低机件磨损和轮胎损耗，节约油料，发挥运输效率。

团结协作，大公无私。密切与调度人员、装卸工、养路工等的配合；不徇私情，不谋私利，不用车辆搞个人交易。

（2）具体要求：

按照国家道路交通管理条例的规定，参照一些施工企业的成熟经验，整理了一系列机动车辆驾驶员安全行车守则，具体内容如下：

“一树立”：牢固树立安全第一的思想。

“二自觉”：自觉遵守道路交通管理条例和各项安全行车规定。

自觉参加政治、技术学习和各种安全活动。

“三服从”：服从机动车辆调度人员安排。

服从专职、兼职检查人员的检查。

服从交通民警的指挥。

“四　勤”：勤检查。执行出车前、行驶中、收车后的三检查制，保证制动器、转向器、喇叭、灯光信号等主要安全装置齐全完好。

勤保养。按一、二、三级保养制度执行，保持车况良好。

勤查看。查看备品用具，保证备用油桶、水桶、各种随车工具和物品齐全、可靠。

勤擦洗。保持号牌清晰，车容整洁。

“五掌握”：掌握车辆技术状况。

掌握道路、桥梁的变化情况。

掌握地区特点和人、畜、车活动规律。

掌握气象。

掌握市内外和有关地区行车规则。

"六预防"：预防前车紧急刹车。

预防叉道、急转弯处突然来车。

预防拖拉机、非机动车截头猛拐。

预防行人突然横穿马路和牲畜受惊乱蹿。

预防制动、转向机件失灵。

预防雨后、冰雪道路上侧滑掉道。

"七做到"：礼貌行车，宁停三分，不抢一秒。

转弯减速、鸣号、靠右行，随时准备停车。

前车走远心不慌，后车超车主动让。

超车选择路段，提前鸣号（夜晚用灯光信号），不见前车让道不超越。

中速行驶，礼让三先（先慢、先让、先停）。

通道叉道口，一看、二慢、三通过。

道路复杂心不急，行人稠密更注意。

"八不开"：不开霸王车。

不开赌气车。

不开抢道车。

不开带病车。

不开侥幸车。

不开违章车。

不开冒险车。

不开疲劳车。

"九不拖"：挂车只准拖一辆车，超过一辆车时不拖。

挂车载重量超过汽车载重量不拖。

被牵引的机动车，转向器、灯光装置失效时不拖。

连接装置不牢固不拖。

没有保险绳或必需的硬连接装置不拖。

起重车、轮式专用机械车等车辆不拖。

被牵引的对象为二轮或轻便摩托车时不拖。

被牵引的机动车宽度大于牵引车时不拖。

危险路段、无安全保障的不拖。

"十慢行"：情况不明、视线不清要慢行。

起步、会车、让车、倒车、停车时要慢行。

通过道叉路口、窄路、弯路、险坡、桥梁、车站、港区、坎坷路段要慢行。

穿过繁华街道要慢行。

穿过维护作业区时要慢行。

上、下渡船要慢行。

雨、雾、冰雪、夜路要慢行。

运载超高、超长、超宽物资时要慢行。

运易损、易燃、易爆物品要慢行。

厂区、施工作业区、库房内外、进退洗车台、进出修理厂等要慢行。

“十一让”：车辆通过有交通信号或交通标志控制的交叉路口，遇放行信号时，须先让被放行的车辆行驶。

车辆通过没有交通信号或交通标志控制的交叉路口，支路车让干路车先行。支、干路不分的，非机动车让机动车先行，非公共汽车、电车让公共汽车、电车先行。同类车让右边没有来的车先行。相对方向同类车相遇，左转弯的车让直行或右转弯的车先行。进入环形路口的车让已在路口内的车先行。

车辆行经人行横道，遇有交通信号放行人通过时，必须停车或减速让行。通过没有信号控制的人行横道时，须注意避让来往行人。

依次通过铁路道口，或让先被放行的车辆行驶。

机动车会车有困难时，有条件让路的一方让对方先行。

在有障碍的路段，有障碍的一方让对方先行。

在窄狭的坡路，下坡车让上坡车先行。但下坡车已行至中途而上坡车未上坡时让下坡车先行。

机动车行驶中，遇后车发出超车信号时，在条件许可的情况下，必须靠右让路，并开右转向灯，不准故意不让或加速行驶。

机动车驶入或驶出非机动车道，须注意避让非机动车。非机动车因受阻不能正常行驶时，准许在受阻的路段内驶入机动车道，后面驶来的机动车须减速让行。

警车及其护卫的车队、消防车、工程救险车、救护车执行任务时，在确保安全的原则下，不受行驶速度、行驶路线、行驶方向和指挥信号灯的限制，其他车辆和行人必须让行，不准穿插或超越。

在施工现场内，一般要求大型车让小型车，货车让客车，单车让拖挂车的车辆，空车让重车，教练车让其他机动车。

“十二必须”：凡在道路上通行的车辆，都必须遵守国家道路交通管理条例。

驾驶车辆必须遵守右侧通行的原则。

车辆、行人必须各行其道。

车辆、行人必须遵守交通信号、交通标志和交通标线的规定。

机动车载物、载人必须符合载物、载人要求。

机动车驾驶员必须经过车辆管理机关考试合格，领取驾驶证，方准驾驶车辆。

机动车驾驶员必须按规定超车或让车。

驾驶和乘坐二轮摩托车，必须戴安全头盔。

实习驾驶员和教练员必须分别持有车辆管理机关核发的实习驾驶证和教练员证。

机动车实习驾驶员如驾驶大客车、电车、起重车和带挂车的汽车时必须有正式驾驶员并坐，以便监督指导。

遇有交通警察出示停车示意牌时，任何车辆必须停车接受检查。

如有违章必须接受处罚，不得无理取闹。

"十三不准"：不准转借、涂改或伪造驾驶证。

不准将车辆交给没有驾驶证的人驾驶。

不准驾驶与驾驶证准架车型不相符合的车辆。

未接受规定审验或审验不合格的，不准继续驾驶车辆。

饮酒后不准驾驶车辆。

不准驾驶安全设备不全或机件失灵的车辆。

不准驾驶不符合装载规定的车辆。

在有妨碍安全行车的疾病或过度疲劳时，不准驾驶车辆。

车门、车厢没有关好，不准行车。

不准穿拖鞋驾驶车辆。

不准在驾驶车辆时吸烟、饮食、闲谈或做其他妨碍安全行车的行为。

机动车学习驾驶员在教练员随车指导下，按指定时间、路线学习驾驶，车上不准乘坐与教练无关的人员。

实习驾驶员不准驾驶执行任务的警车、消防车、工程救险车、救护车和载运危险物品的车辆。

4. 施工现场道路运输

（1）工地的人行道、车行道应坚实平坦，保持畅通。主要道路应与主要临时建筑物的道路连通。场内运输道路应尽量减少弯道和交叉点。频繁的交叉处。必须设有明显的警告标志，或设临时交通指挥（指挥人员或指挥信号）。

（2）工地通道不得任意挖掘或断截。如因工程需要必须开挖时，有关部门应事先协调，统一规划。同时在通道的沟渠上搭设安全牢固的桥板。

二、仓库管理安全技术

1. 仓库的种类

施工企业的仓库，一般分为综合库和专业库两大类，小型企业一般以综合库为主，大型企业为适应专业保管的要求，一般设专业库。专业库大多是根据物资的自然属性分类来划分，这就能满足自然属性不同的物资所需要的不同保管环境要求。

施工企业中仓库的形式很多，库房、料棚、料场、储罐都经常用。

2. 仓库的管理

（1）仓库设施和货场货位布置：

仓库设施包括库房、料场和有关通道等，要求布局合理，适合生产需要。在仓库布置上要遵守以下原则：

首先，仓库和料场容量应适应对该使用点供应间隔期最大库存量的要求。

其次，尽量靠近用料点，以减少搬运次数和缩短运距，避免搬运损耗。

最后，临时仓库和料场要有合理的通道，便于吞吐材料。同时应符合防水、防雨、防潮、防火安全等要求。

一般仓库设施和货物货位布置。应在施工组织设计的平面布置中统一部署。

（2）材料验收入库：

材料验收应以合同为依据，检验到货名称、规格、数量、质量、价格、日期。其中主要是材料的质量和数量的验收，要符合订货单、发票合同的规定和要求。材料的数量验收，在通常情况下应进行全数检查，对数量较大而协作关系稳定、证件齐全、运输良好、包装完整无缺者，可抽检。从国外进口的材料，要从严从细进行全数检查。材料的质量检验有三种情况：一从外形判断其质量合格者，可由保管员进行检验。二需要进行技术检验才能确定其质量的，要由专门技术检验部门或专职人员进行抽检。三凡需要进行理化试验的，应由专门技术部门抽检。

材料在验收工作中，如果发现规格、数量、品种、质量、单据不符合规定应查明原因，报主管部门。如属进口材料，除报告有关部门外还要通知外商，及时按合同规定处理。

（3）材料的保管和维护：

材料在保管过程中，应按不同的材质、规格、性能和形状等实行科学合理的摆放和码垛。摆放整齐，标志鲜明，便于存放、取送和查验盘点，充分利用仓库空间和降低保管费用。另外，对于危险品，如毒品、炸药、雷管和特殊贵重物资要隔离存放，专库专柜存放，专人保管。

材料在仓库储存过程中，为了保证仓库安全和材料不变质，应按材料性能分门别类，按类分库，采取不同措施，进行维护保养。做好防锈、防潮、防腐、防爆、防变质、防老化等工作，保管好材料，减少库存损耗。

仓库要建立必要的安全管理制度，并由专职人员负责，防止火灾和材料被盗。

（4）材料的发放：

促进材料的节约和合理使用是材料发放的基本要求。发放材料的原则是：凭证发货，急用先发，先人先发，顺序而出；要按量、按质、齐备配套、准时、有计划地发放材料，确保施工生产一线的需要：要严格出库手续，防止不合理的领用。

材料发放除用发放凭证到仓库领取材料的方式外，还有现场送料。现场送料就是根据单位工程材料计划或限额发放材料计划，以及施工进度计划，由仓库有计划地备料，并直接送到现场。一般有如下几种做法：

大配套送材料，是指工程所需的大宗材料，如砖、瓦、砂、石、水泥、钢筋等，按单位工程材料计划，统一提前备料，直接送到现场。

小配套送材料，是指工程所需的一般材料，如电料、仪表、化工、油漆、工具、劳保用品等，根据供应计划、综合施工进度计划分别配套送到队组。

急料专送，是根据施工中的实际情况，急需或查漏补缺的材料，通过平衡调度，限定时间，专料专送。

限额送料，是根据施工队限额单上所需的材料，由材料部门组织送到施工现场。

3. 材料的现场管理

材料的现场管理是指以一个工程的施工现场为对象，对材料供应管理的全过程进行计划、组织、指挥、控制和协调等管理工作的总称。它包括施工前的材料准备工作、现场仓库管理、原材料的集中加工、材料的领发使用、工完场清和退料回收等工作。

（1）施工前的材料准备工作：

施工前的材料准备工作有：了解工程合同中有关材料供应方式，以及当地建筑材料生产情况及交通运输条件；了解工程进度安排，施工图预算编制情况，编好工料预算，提出材料需用计划及铁件、混凝土构件加工计划；根据施工组织设计中关于现场平面布置图，落实和安排材料堆放和仓库等临时设施；组织好材料分批进场。

（2）现场材料验收、保管和发放：

进场材料的验收工作要严格执行验规格、验品种、验质量和验数量的“四验”制度。

加强现场材料保管，减少损失和浪费，防止丢失，是现场管理的主要内容。要根据各类材料的特点。采取有效的保管措施，建立健全保管制度。例如，砖、瓦、砂、石的堆放场地要进行平整，松土要压实。

钢材应按钢号、品种、标号、进场批次分别码放，先进先出等。对于各退料回收是指施工中已经领用但未用完的剩余好材料，边角余料，残、旧、废料等的退料回收。工程完工时，施工队、组应及时办理退料手续。由材料部门进行回收。

旧料是已经用过而降低了使用价值和价值的材料。可按使用价值划分等级，回收利用。残废料是已无使用价值的材料，如木材头、钢筋头等边角余料，及经过多次周转，已无使用价值的残废模板、脚手架料、金属配件等。这些都应回收处理。

4. 材料保管、堆放

（1）水泥的保管、堆放：

入库的水泥应按品种、标号、出厂日期分别堆放，树立标志，做到先到先用，防止混掺使用。

为了防止水泥受潮，现场仓库应尽量密闭。包装水泥存放时，应垫起离地约 300 mm，离墙 300 mm 以上。堆放高度一般不超过 10 包。临时露天暂存水泥在正常环境中存放 3 个月强度降低 10%～20%；存放 6 个月，强度降低 15%～30%。为此，水泥存放时间从出厂日期起算，超过 3 个月应视为过期水泥，使用时必须重行检验确定标号。

受潮水泥经鉴定后，使用前应筛除结成的硬块。凡受潮和过期的水泥不宜用于高标号混凝土或主要工程结构部位。

（2）钢材保管、堆放：

钢材的堆放要节约用地，减少变形和锈蚀，并要提取方便。

露天堆放时，场地要垫高通风，四周要设排水沟，以免积雪积水。放置时，尽量使截面的背面向上或向外，以便清扫积雪。

在有顶棚的仓库内堆放时，可堆放在地坪上，下垫棱木并每隔 5～6 层放置一层。在同一垂直面内，棱木要对齐，其间距离以不引起钢材弯曲变形为宜。钢材堆放的高度一般不应大于其宽度。同一堆内，上、下相邻的钢材要前后错开，以便在端部编注标号。标牌应注明钢材的规格、牌号、数量和材质验收证明书号。根据钢材牌号涂以不同颜色的油漆。钢材牌号和油漆的颜色对照见表 5-8。

表 5-8 钢材牌号和油漆的颜色对照

钢号	0 号	1 号	2 号	3 号	4 号	5 号	16Mn
油漆颜色	红+绿	白+黑	黄色	红色	黑色	绿色	白色

（3）玻璃的运输和保管：

车辆运输时，箱盖要向上，直立紧靠放置，防止碰撞。堆放时如有空隙，要用稻草等软物填实或用木条钉牢。

短距离运输，木箱应立放。用抬杠抬运，不能几人抬角搬运。装卸时，要轻抬轻放，不能随意溜滑，防止震动和倒塌。玻璃应按规格、等级分别堆放，小号规格的可堆放 2～3 层，大号规格的尽量单层立放，不要堆垛。一般不宜露天堆放，并注意防潮。

第六章　生产安全事故防范与处理

第一节　事故防范

一、事故的概念及预防

1. 伤亡事故的定义

从广义的角度讲，事故是指人们由不安全的行为、动作或不安全的状态所引起的、突然发生的、与人的意志相反且事先未能预料到的意外事件，它能造成财产损失、生产中断、人员伤亡。从劳动保护角度讲，事故主要是指伤亡事故，又称伤害。根据能量转移理论，伤亡事故指人们在行动过程中，接触了与周围条件有关的外来能量，这种能量在一定条件下异常释放，反作用于人体，致使人身生理机能部分或全部丧失的现象。

我国制定的国家标准《企业职工伤亡事故分类》（GB 6441—86）、《企业职工伤亡事故调查分析规则》（GB 6442—86）和 1991 年 2 月 1 日国务院第 75 号令发布的《企业职工伤亡事故报告和处理规定》均将伤亡事故定义为：伤亡事故是指企业职工在生产劳动过程中发生的人身伤害、急性中毒事故。

2. 伤亡事故的特性与防范

事故是一种意外事件。同其他事物一样，也具有本身特有的一些属性，掌握这些特性，对我们认识事故、了解事故及预防事故具有指导性作用。概括起来，事故特性主要有：

（1）因果性。事故的因果性指事故是由相互联系的多种因素共同作用的结果。引起事故的原因是多方面的。在伤亡事故调查分析过程中，应弄清事故发生的因果，找出事故发生的原因，这对预防类似的事故重复发生将起到积极作用。

（2）随机性。事故的随机性是指事故发生的时间、地点、后果的程度是偶然的。这就给事故的预防带来一定的困难。但是，事故这种随机性在一定范围内也遵循一定的规律。从事故的统计资料中，我们可以找到事故发生的规律性。因此，伤亡事故统计分析对制定正确的预防措施有重大意义。

（3）潜伏性。表面上，事故是一种突发事件，但是事故发生之前有一段潜伏期。事故发生之前，系统（人、机、环境）所处的这种状态是不稳定的，也就是说系统存在着事故隐患，具有潜伏的危险性。如果这时有一定因素出现，就会导致事故的发生。人们应认识事故的潜伏性，克服麻痹思想。生产活动中，某些企业较长时间内未发生伤亡事故，就会麻痹大意，就会忽视事故的潜伏性。这是造成重大伤亡事故的思想隐患。

（4）可预防性。也就是说，任何事故，只要采取正确的预防措施，都是可以防止的。

认识到这一特性，对坚定信心，防止伤亡事故发生有促进作用。因此，我们必须通过事故调查，找到已发生事故的原因，采取预防事故的措施，从根本上降低伤亡事故发生的频率。

3. 事故应急救援预案的制定

（1）应急救援预案制定的目的与任务：

1）更好地适应法律和经济活动的要求；

2）给企业员工的工作和施工场区周围居民提供更好更安全的环境；

3）保证各种应急反应资源处于良好的备战状态；

4）指导应急反应行动按计划有序地进行；

5）防止因应急反应行动组织不力或现场救援工作的无序和混乱而延误事故的应急救援；

6）有效地避免或降低人员伤亡和财产损失；

7）帮助实现应急反应行动的快速、有序、高效；

8）充分体现应急救援的“应急精神”。

（2）应急救援预案的内容：

1）应急救援预案启动涉及的事故内容；

2）应急救援预案的启动前提；

3）应急救援预案的启动和响应；

4）应急救援预案的终止条件；

5）应急救援反应组织机构；

6）应急计划的建立，包括危险源的风险评估、应急反应行动的资源配置、建立危险辨识体系、应急报警机制、建立应急反应救援安全通道体系、通信体系、交通管制机制、应急预案的培训与演练、应急预案实施终止后的恢复工作。

二、对建筑施工安全事故应急救援预案管理的具体规定

1. 应急救援预案编制

建筑施工安全事故应急救援预案由工程承包单位编制。实行工程总承包的，由总承包单位编制。实行联合承包的，由承包各方共同编制。

2. 应急救援预案内容

建筑施工安全事故应急救援预案应包括如下内容：

（1）建设工程的基本情况。含规模、结构类型、工程开工、竣工日期；

（2）建筑施工项目经理部基本情况。含项目经理、安全负责人、安全员等姓名、证书号码等；

（3）施工现场安全事故救护组织。包括具体责任人的职务、联系电话等；

（4）救援器材、设备的配备；

（5）安全事故救护单位。包括建设工程所在市、县医疗救护中心、医院的名称、电话、行驶路线等。

3. 应急救援预案备案

建筑施工安全事故应急救援预案应当作为安全报监的附件材料报工程所在地市、县

（市）负责建筑施工安全生产监督的部门备案。

4. 应急救援预案公示

建筑施工安全事故应急救援预案应当告知现场施工作业人员。施工期间，其内容应当在施工现场显著位置予以公示。

三、事故分类

1. 按伤害程度分类

（1）轻伤，指损失工作日为 1 个工作日以上（含 1 个工作日），105 个工作日以下的失能伤害；

（2）重伤，指损失工作日为 105 个工作日以上（含 105 个工作日）的失能伤害，重伤的损失工作日最多不超过 6 000 日；

（3）死亡，其损失工作日定为 6 000 日，这是根据我国职工的平均退休年龄和平均死亡年龄计算出来的。

此种分类是按伤亡事故造成损失工作日的多少来衡量的，而损失工作日是指受伤害者丧失劳动能力（简称失能）的工作日。各种伤害情况的损失工作日数，可按 GB 6441—86 中的有关规定计算或选取。

2. 按事故严重程度分类

（1）特别重大事故，是指造成 30 人以上死亡，或者 100 人以上重伤（包括急性工业中毒，下同），或者 1 亿元以上直接经济损失的事故；

（2）重大事故，是指造成 10 人以上 30 人以下死亡，或者 50 人以上 100 人以下重伤，或者 5 000 万元以上 1 亿元以下直接经济损失的事故；

（3）较大事故，是指造成 3 人以上 10 人以下死亡，或者 10 人以上 50 人以下重伤，或者 1 000 万元以上 5 000 万元以下直接经济损失的事故；

（4）一般事故，是指造成 3 人以下死亡，或者 10 人以下重伤，或者 1 000 万元以下直接经济损失的事故。

3. 按事故类别分类

国标《企业职工伤亡事故分类》（GB 6441—86）中，将事故类别划分为 20 类。建筑施工企业易发生的事故占 10 种：

（1）高处坠落，指出于危险重力势能差引起的伤害事故。适用于脚手架、平台、陡壁施工等高于地面的坠落，也适用于山地面踏空失足坠入洞、坑、沟、升降口、漏斗等情况。但排除以其他类别为诱发条件的坠落。如高处作业时，因触电失足坠落应定为触电事故，不能按高处坠落划分。

（2）触电，指电流流经人体，造成生理伤害的事故。适用于触电、雷击伤害。如人体接触带电的设备金属外壳或裸露的临时线，漏电的手持电动手工工具；起重设备误触高压线或感应带电；雷击伤害；触电坠落等事故。

（3）砌体打击，指失控物体的惯性力造成的人身伤害事故。如落物、滚石、锤击、碎裂、崩块、砸伤等造成的伤害，不包括爆炸而引起的物体打击。

（4）机械伤害，指机械设备与工具引起的绞、辗、碰、割戳、切等伤害。如工件或刀具飞出伤人，切屑伤人，手或身体被卷入，手或其他部位被刀具碰伤，被转动的机构缠压住等。但属于车辆、起重设备的情况除外。

（5）起重伤害，指从事起重作业时引起的机械伤害事故。包括各种起重作业引起的机械伤害，但不包括触电，检修时制动失灵引起的伤害，上下驾驶室时引起的坠落式跌倒。

（6）坍塌，指建筑物、构筑、堆置物等倒塌以及土石塌方引起的事故。适用于因设计或施工不合理而造成的倒塌，以及土方、岩石发生的塌陷事故。如建筑物倒塌，脚手架倒塌，挖掘沟、坑、洞时土石的塌方等情况。不适用于矿山冒顶片帮事故，或因爆炸、爆破引起的坍塌事故。

（7）车辆伤害，指本企业机动车辆引起的机械伤害事故。如机动车辆在行驶中的挤、压，或倾覆等事故。

（8）火灾，指造成人身伤亡的企业火灾事故。不适用于非企业原因造成的火灾，比如，居民火灾蔓延到企业。此类事故属于消防部门统计的事故。

（9）中毒和窒息，指人接触有毒物质，如误吃有毒食物或呼吸有毒气体引起的人体急性中毒事故，或在暗井、涵洞、地下管道等不通风等缺氧的地方工作，因为氧气缺乏，有时会发生突然晕倒，甚至死亡的事故称为窒息。两种现象合为一体，称为中毒和窒息事故。不适用于病理变化导致的中毒和窒息的事故，也不适用于慢性中毒的职业病导致的死亡。

（10）其他伤害。凡不属于 GB 6441—86 其他 19 种伤害的事故均称为其他伤害，如扭伤、跌伤、冻伤、野兽咬伤、钉子扎伤等。高处坠落、触电、物体打击、机械伤害（包括起重伤童）、坍塌等事故，为建筑业最常发生的事故，占事故总数的85%以上，称为“五大伤害”。

此外，还有按受伤性质分类。受伤性质是指人体受伤的类型。实质上这是从医学的角度给予创伤的具体名称，常见的有如下一些名称：电伤、挫伤、割伤、擦伤、刺伤、撕脱伤、扭伤、倒塌压埋伤、冲击伤等。

第二节　触电事故现场急救

一、触电事故现场急救的机理和病状

1. 触电事故现场急救的机理

现场抢救的宗旨是借助综合措施通过人工的方法使伤员迅速得到气体交换和重新形成血液循环，恢复全身组织细胞的氧供给，保护脑组织，继而恢复伤员的自动心跳和自动呼吸，把伤员从死亡状态拯救出来。

人体组织细胞经常进行氧化代谢，即人体所消耗的氧气，必须借助于呼吸动作随时从体外环境吸入补充；组织细胞生命活动中产生的二氧化碳，也必须随血液循环运送到肺，借助呼吸动作随时排出体外。这种吸入氧气、排除二氧化碳气的作用，叫做气体交换。呼吸系统的生理功能就是完成气体交换。

呼吸功能与血液循环功能密切联系在一起，通过心脏的机械泵血，确保了机体氧和

血液的循环活动，使全身各脏器组织的新陈代谢得以正常进行。因此，心跳和呼吸是人体存活的基本生理现象。

当心脏停止跳动时，人体的血液循环也就中断了，呼吸中枢无血液供应也丧失功能，体内各组织氧气供应也即中断，心脏组织就会因严重缺氧而衰竭。一旦呼吸和心跳停止，血液就停止流动，气体交换就停止，造成人体各个器官组织因缺乏血带给的氧气和营养物质而停止新陈代谢，人的生命也就停止了，这就是死亡。

但是，在心脏跳动和呼吸突然停止后，人体内部某些器官还存在着微弱的活动，有些组织细胞新陈代谢还在进行。因此，这种死亡在医学上称为临床死亡。临床死亡的伤员如果体内没有重要器官的损伤，只要及时进行有效地抢救，还有救活的希望。从临床死亡到生物死亡的时间很短，所以必须争分夺秒地尽力抢救。

国内外一些统计资料指出，触电后 1 分钟开始救治者，90%有良好效果；触电后 6 分钟内开始救治者，50%可能复苏成功；触电后 12 分钟再开始抢救，很少有救活的可能。可见，就地进行及时、正确的抢救，是触电急救成败的关键。

2. 触电事故伤员的病状

人员遭电击后，病情表现为以下三种状态：

（1）神志清醒，但感觉乏力、头昏、胸闷、心悸、出冷汗，甚至恶心或呕吐。

（2）神志昏迷，但呼吸、心跳尚存在。

（3）神志昏迷，呈全身性电休克所致的死状态，肌肉痉挛，呼吸窒息，心室颤动或心跳停止。伤员面部苍白，口唇紫绀，瞳孔扩大，对光反应消失，脉搏消失，血压降低。这种状态的伤员必须立即在现场进行心肺复苏抢救，并同时向医院告急求救。

二、触电事故现场急救的步骤

1. 迅速脱离电源

发生触电事故后，切不可惊慌失措，束手无策。要立即切断电源，使伤员脱离继续受电流损害的状态，减少损伤的程度。同时向医疗部门呼救，这是能否抢救成功的首要因素。在切断电源前应注意伤员身上因有电流通过，已成带电体，任何人不应触碰伤员，以免自己也遭电击。

切断电源可采取以下两种办法：其一是立即拉开电源开关或拔掉电源插头，以断开电源；其二是不能立即按上面的办法切断电源时，可用干燥的木棒、竹竿等将电线拨开，使伤员脱离电源。此时切不可用手或金属和潮湿的导电物体直接触碰伤员的身体或触碰伤员接触的电线，以免引起抢救人员自身触电。

在切断电源的动作时，要事先采取防御措施，防止触电者脱离电源后因肌肉放松而自行摔倒，造成新的外伤。切断电源的动作要用力适当，防止因用力过猛造成带电电线击伤在场的其他人员。

2. 现场对伤情进行简单诊断

在脱离电源后，如果伤员处于昏迷状态，全身各组织严重缺氧，生命垂危，这时不要用整套常规方法进行系统检查，而只能用简单有效的方法尽快对心跳、呼吸与瞳孔的情况作一判断，以确定随后的现场救治方法：

（1）观察伤员是否还存在呼吸。可用手或者纤维毛放在伤员鼻孔前，感受和观察是否有气体流动，同时观察伤员的胸廓和腹部是否存在上下起伏的呼吸运动。

（2）检查伤员是否还有心跳。可直接在心前区听是否有心跳的心音，或摸颈动脉、肱动脉是否搏动。

（3）查看瞳孔是否扩大。人的瞳孔受大脑控制，在正常情况下，瞳孔的大小可随外界光线的强弱变化而自然调节，使进入眼内的光线适中，在假死的状态中。大脑细胞严重缺氧，机体处于死亡边缘，整个调节系统失去了作用，瞳孔便自行扩大，并且对光线强弱变化没有反应。

三、触电事故急救方法

脱离电源后。应迅速通知医疗部门。同时立即进行简单诊断。现场急救有两种方法。

1. 人工呼吸法

人工呼吸是复苏伤员的一种重要的急救措施，其目的就是采取人工的方法来进行强制性呼吸活动，及时而有效地使空气有节律地进入和排出肺脏，供给体内足够氧气和充分排出二氧化碳，维持通气功能，促使呼吸中枢尽早恢复功能，使伤员尽快脱离缺氧状态，从而使机体受抑制的功能得以兴奋，恢复人体自动呼吸。各种人工呼吸方法中，口对口呼吸法效果最好。

口对口呼吸法具体操作按下列步骤进行：

（1）伤员平卧，解开衣领，松开围巾和紧身衣服，放松裤带，以利呼吸时胸廓自然扩张。在伤员的肩背下方垫软物，使伤员的头部充分后仰，呼吸道尽量畅通，减少气流的阻力，确保有效通气量，还可以防止舌根陷落而堵塞气流通道。用手指清除口腔中的异物，如假牙、分泌物、血块和呕吐物等，以免堵塞呼吸道。注意环境要安静，冬季要保暖。

（2）抢救者站在伤员的一侧，以近其头部的手紧捏伤员的鼻子（避免漏气）并将手掌外缘压住额部，另一只手托在伤员颈部，将颈部上抬，头部尽量上仰，鼻孔呈朝天位，使嘴巴张开准备接受吹气。

（3）抢救者先吸一口气，然后嘴紧贴伤员的嘴大口吹气，同时观察其胸部是否膨胀隆起，以确定吹气是否有效和吹气是否适度。

（4）吹气停止后，抢救者头稍侧转，并立即放松捏鼻子的手，让气体从伤员的鼻孔排除。此时注意胸部复原情况，倾听呼气声，观察有无呼吸道梗阻。如此反复而有节律地人工呼吸，不可中断。每分钟应进行一二十次。

进行人工呼吸时口对口吹气的压力要掌握好，开始时可略大些，频率也可稍快些，经过一二十次人工吹气后逐渐减小压力，只要维持伤员胸部轻度升起即可。如遇到伤员嘴巴掰不开的情况，可改用口对鼻孔吹气的办法，吹气时压力要稍大些，时间稍长些，效果相仿。采用这种方法，只有当伤员出现自动呼吸时，方可停止。但要严密观察，以防出现再次停止呼吸。

2. 胸外心脏挤压法

胸外心脏挤压法按下述步骤进行。

（1）使伤员就近仰卧于硬板上或地上，注意保暖，解开伤员衣领，使其头部后仰侧偏。

（2）抢救者站在伤员左侧或两腿跪跨在病人的腰部两侧。

（3）抢救者以一手掌根部置于伤员胸骨下 1/3 处，即中指对准其颈部凹陷的下缘，一手掌交叉重叠于该手背上，肘关节伸直。依靠体重和臂、肩部肌肉的力量，垂直用力，向脊柱方向冲击性地用力施压胸骨下段，使胸骨下段与其相连的肋骨下陷 3～4 cm，间接压迫心脏，使心脏内血液搏出。

（4）挤压后突然放松（要注意掌根不能离开胸壁），依靠胸廓的弹性，使胸骨复位。此时心脏舒张，大静脉的血液就回流到心脏。

在进行胸外心脏挤压法时要注意：首先，操作时定位要准确，用力要垂直且大小适当，要有节奏地反复进行，防止因用力过猛而造成继发性组织器官的损伤或肋骨骨折；其次，挤压频率一般控制在 60～80 次/min。有时为了增强效果，可增加挤压频率，达到 100 次/min 左右；再次，抢救时必须同时兼顾心跳和呼吸；最后，抢救工作一般需要很长时间，在没送到医院之前，抢救工作不能停止。

以上两种抢救方法适用范围很广，除电击伤外，对遭雷击、急性中毒、烧伤、心跳骤停等原因所引起的抑制或呼吸停止的伤员都可采用，有时两种方法可交替进行。

第三节　烧伤救护

烧伤包括热烧伤、化学烧伤和电烧伤等。

一、热烧伤

由于火焰、开水、蒸气、热液体或热固体直接接触于人体所引起的烧伤，都属于热烧伤。其烧伤程度取决于作用物体的温度和作用持续的时间。伤员的病情依据烧伤的面积和烧伤的部位及深度而定。烧伤面积越大、深度越深，对伤员生命的威胁就越大。

1. 热烧伤面积估计

以本人五指并拢的手为单位，一只手掌面积为全身体表面总面积的 1%来计算。一般按下述数字作为计算参数值：头和颈部为 9%，双上肢各为 9%，躯干前后各为 13%，两侧臀部各为 2.5%，会阴为 1%，双下肢各为 20. 5%。

2. 热烧伤深度估计

我国采用三度四分法。即Ⅰ度烧伤、浅Ⅱ度烧伤、深Ⅱ度烧伤及Ⅲ度烧伤。

Ⅰ度烧伤：损害在表皮层，局部呈现红色。

Ⅱ度烧伤：浅Ⅱ度损害达真皮浅层，局部出现水疱；深Ⅱ度损害达真皮深度，局部出现水泡。

Ⅲ度烧伤：损害表皮全层，包括皮下组织、肌肉、骨骼，局部呈焦痂。

3. 热烧伤的现场救护

热烧伤现场救护的主要措施是尽快使伤员脱离致伤因素，以免继续损害深层组织，为下一步的救治创造条件。

（1）一般部位烧伤处理：

一般部位是指除头面部、呼吸道等要害部位以外的身体烧伤。当伤员身上燃烧着的衣服难以脱下时，可以就地躺下滚动或用水喷洒灭火。附近有浅河沟或水池处，也可让伤员跳入水中灭火，切勿奔跑或用手拍打，以免助长火势或造成手烧伤。让伤员脱离致伤物后，要用清洁布覆盖创面，简单包扎，避免感染。不要弄破水疱，更不能自行用不卫生或不对症的药物乱涂创面，以免增加进一步处理的困难。伤员经现场处理后，应立即送医院救治。

（2）特殊部位烧伤处理：

特殊部位是指头面部、呼吸道等要害部位的烧伤。根据烧伤部位的不同分别处理：

1）头面部烧伤：头部面部是一个多器官、多功能的部位，烧伤后常极度肿胀，且容易引起继发性感染，遭致形态改变、畸形和功能障碍。因此在抢救时要特别注意，应以最快的速度送往医院救治。

2）呼吸道烧伤：吸入热气流或热蒸汽会使呼吸道黏膜充血水肿，严重者甚至黏膜坏死、脱落，导致气道堵塞，吸入火焰烟雾或化学蒸气、烟雾，使支气管痉挛，肺充血水肿，降低通气功能而造成呼吸窘迫。呼吸道烧伤属于内脏烧伤，外表症状不太明显，容易被漏诊而延误抢救，以致造成早期死亡。

人们在火灾现场大声呼喊，或人在火区失去知觉：都易吸入热气流、火焰。伤员如出现口干、咽喉部疼痛、声音嘶哑、痰中带烟灰尘屑的情况，都属于有呼吸道烧伤可能的提示。碰到上述情况，要格外注意观察伤员有无进展性呼吸困难，并及时护送到医院作进一步诊断治疗。

二、电烧伤和化学烧伤

1. 电烧伤

因电流的特殊作用，电烧伤所造成的软组织损伤是不规则的立体烧伤。电烧伤往往伤口小，基底大而深，所以不能单纯看烧伤部位的面积来衡量烧伤的程度，而应同时注意致伤的深度和全身情况。

电烧伤一般有下列两种情况：

（1）接触性烧伤：人接触电源可能造成的局部烧伤。

（2）电弧烧伤：电弧由高压导线跳至皮肤，瞬间温度可达 2 500～3 000℃，造成局部严重烧伤。

处理电烧伤应视情况进行心肺功能的复苏，有神志障碍者，头部可放置冰帽或冰袋，经相应处置后，尽快护送到医院救治。

2. 化学烧伤

建筑施工现场常见的化学烧伤为各种酸（如硫酸、硝酸、盐酸等）、碱（如氢氧化钠、氢氧化钾、生石膏等）烧伤，症状各不相同，常采取以下急救方法：

（1）采取各种方法迅速清除创面上的化学物质。剪去受污染的衣服，以减少创面继续损伤。

（2）用大量水冲洗局部创面。

（3）采用恰当的中和治疗，如：酸烧伤可用 2%苏打水或 3%食盐水或肥皂水冲洗中和；碱烧伤可用 3%的硼酸水或 2%醋酸溶液冲洗患处。

（4）化学物质进入眼内，切忌用水或手帕揉擦，以免增加创伤。

（5）误服有毒化学物质，造成口腔、消化道烧伤时，可服牛奶、植物油、鸡蛋清等进行防护。

经现场处理后，应送医院作进一步治疗。

第四节　出血救护

建筑施工现场的伤亡事故多发生在高处坠落、物体打击、机械伤害、触电和物体坍塌等方面。而这些事故都会造成出血征象，且常伴随软组织割裂伤、挫伤、刺伤、骨折等原发创伤。

一、出血的分类和特点

出血可分为动脉出血、静脉出血、毛细血管出血和脏器出血 4 种。各种出血的特点和止血要点如下：

1. 动脉出血

血液色泽鲜红，血流压力大，血流方向南近心端流向远心端。现场止血要用加压止血，即压迫出血部位的近心端，必要时用指压动脉或用弹性止血带止血。

2. 静脉出血

血液暗红，血流缓慢，无冲击力，血流方向由远心端流向近心端。一般止血采用压迫血管的远心端，局部加压包扎止血即可。

3. 毛细血管出血

血液暗红，血液由创面呈点状渗出，然后汇成片状，无压力，只需局部加压，包扎止血即可。

4. 脏器出血

如心、肺、肝、脾、肾及骨骼等致伤出血，血液流入体内腔隙，一般出血量大，难以自止，抢救时若仅注意外伤和外出血，忽视了内伤和内出血，极易丧失抢救时间而造成生命危险。

二、创伤性出血现场急救步骤

1. 暂时止血

发生创伤性出血时，应根据现场条件，及时、正确地采取下列暂时性的止血方法止血。

（1）压迫止血法：抬高受创伤肢体，在找不到消毒纱布和棉垫时，可用清洁的手帕、毛巾或其他棉织品覆盖在伤口表面，再用绷带或布条加压包扎止血带止血。

（2）指压止血法：一般用于临时性的动脉止血。即用手指压在动脉出血的近心端。这种方法简单、见效快，但不能持久。

（3）弹性止血带止血：当肢体动脉创伤出血，一般的止血包扎方法效果不理想时，可以用弹性止血带止血。

2. 包扎固定

对创伤处用消毒的敷料或清洁的棉纺品覆盖包扎可以保护创口，预防感染，减少出血。当肢体发生骨折时，可用绷带包扎夹板来固定受伤部位上下两个关节，减少损伤、疼痛，预防伤员休克。

3. 运送伤员到医院

伤员经现场止血、包扎、固定后，应尽快正确地运送到医院抢救。

为了避免不正确的运送方法导致继发性创伤，在运送过程中应注意以下几点：

（1）有骨折征象的伤员一定要包扎、固定后再搬运。凡伤员受伤后，若局部出现疼痛、肿胀、功能障碍、畸形变化，就提示有骨折的可能。此时应对受伤的部位进行止血、包扎、固定以后再搬运。否则，受伤部位可能因搬运的不正确或振动而使创伤加重。

（2）严重创伤伴有大出血伤员，在搬运过程中应平卧，伤员头部可放置冰袋或带冰帽，路途中要尽量避免震荡。

（3）高处坠落致伤伤员，常疑有脊椎受伤，所以搬运时一定要使伤员平卧在硬板上，切忌只搬伤员的两肩和两腿，以避免在搬运过程中躯干过分屈曲或伸展，使已受伤的脊椎移位，甚至断裂，造成截瘫，导致死亡。

（4）肢体受到严重挤压致伤的伤员，经现场处理后，送往医院过程中，不应局部按摩、热敷，也不能随便活动。

（5）胸部受伤的伤员，要警惕肋骨骨折和脏器出血的可能，所以这类伤员一定要平稳运送，密切观察。

第五节　事故处理

一、事故报告

1. 伤亡事故报告的要求

（1）报告内容详细。应包括发生事故的单位、时间、地点、伤亡情况、初步分析的事故原因、报告人姓名、电话等；

（2）报告迅速。伤亡事故发生后，应使用尽可能快的方式，如电话、传真等，立即报告有关部门；

（3）按照报告程序，逐级上报。

2. 伤亡事故报告的程序

伤亡事故发生后，负伤者或者事故现场有关人员应当立即直接或者逐级报告企业负责人。企业负责人接到重伤、死亡、重大伤亡事故报告后，应当立即报告企业主管部门和企业所在地劳动部门（现为国家安全生产监督管理部门）、公安部门、人民检察院、工会。企业主管部门和国家安全生产监督管理部门接到死亡、重大死亡事故报告后，应当立即按系统逐级上报，死亡事故报至省、自治区、直辖市企业主管部门和国家安全生产监督管理部门；重大死亡事故报至国务院有关主管部门、国家安全生产监督管理部门。

发生死亡、重大死亡事故的企业应当保护事故现场，并迅速采取必要措施抢救人员和财产，防止事故扩大。

企业发生职工伤亡事故，如有隐瞒、虚报或者故意延迟不报的，除责成补报外，对责任者应给予纪律处分，情节严重的要追究其法律责任。

3. 特别重大事故的报告

由于特别重大事故造成的人员伤亡及经济损失极为严重，社会影响极为恶劣。特大事故发生单位在事故发生后，必须做到：立即将所发生特大事故的情况报告上级归口管理部门和所在地地方人民政府，并报告所在地的省、自治区、直辖市人民政府和国务院归口管理部门；在 24 小时内写出事故报告，报以上所列部门。涉及军民两个方面的特大事故，特大事故发生单位在事故发生后，必须立即将所发生特大事故的情况报告当地警备司令部或最高军事机关，并应当在 24 小时内写出事故报告，报上述单位。

二、事故调查

1. 事故调查的目的

事故调查的目的主要是为了弄清事故情况，从思想、管理和技术等方面查明事故原因，分清事故责任，提出有效改进措施，从中吸取教训，防止类似事故重复发生。

2. 事故调查的主要任务

查清事故发生经过，找出事故原因，分清事故责任，吸取事故教训，提出预防措施，防止类似事故的重复发生，这是事故调查分析的最终目的。

3. 调查组的组成

（1）轻伤、重伤事故，由企业负责人或其指定人员组织生产、技术、安全等有关人员以及工会成员参加的事故调查组，进行调查；

（2）死亡事故，由企业主管部门会同企业所在地设区的市安全生产监督部门、公安部门、工会组成事故调查组，进行调查；

（3）重大死亡事故，按照企业的隶属关系由省、自治区、直辖市企业主管部门或者国务院有关主管部门会同同级安全生产监督部门、公安部门、监察部门、工会组成事故调查组，进行调查。

4. 事故调查程序

（1）伤员抢救与现场保护：事故发生之后，首先要做的工作是立即抢救伤员，疏散有关人员，并迅速采取措施防止事故蔓延扩大。同时，要认真保护好事故现场，不得破坏与事故有关的物体、状态及痕迹等。确因抢救伤员和防止事故的扩大需要移动现场某些物件时，须做出标志、拍照，详细记录和绘制事故现场图。死亡事故现场还须经过当地劳动、公安部门同意才能清理。

（2）搜集有关资料及证明材料：

1）物证搜集。事故调查获取的第一手资料是事故现场所留下的各种物证，如遭破坏的部件、碎片，各种残留及致害物所处的位置等。现场所收集到的各种物证均应贴上注有时间、地点、使用者及管理者等内容的标签。所有物证均应保持原样，不得冲洗擦拭印迹。需要对有害健康的危险物品采取安全防护措施时，也应在不损坏原始证据的条件下进行，确保各种现场物证的完整性和真实性。

2）事故事实材料的搜集。在获取现场物证后，应对事故发生前的有关事实及有利鉴别和分析事故的各种材料进行搜集。

事故发生前的有关事实包括：事故发生前各种设备及设施的性能、质量及运行状况，使用的材料（必要时进行理化性能分析和实验），设计和工艺方面的技术文件，各种规章制度、操作规程等建立和执行情况，工作环境状况（必要时可取样分析），个人防护措施状况及出事前受害者或肇事者的健康状况等。

有利于事故鉴别和分析的材料包括：发生事故的时间、地点、单位，受害人和肇事者的姓名、性别、年龄、文化程度、技术水平、工龄及从事本工种的时间等，受害者及肇事者接受安全教育（如三级教育）的情况，受害者及肇者者过去的事故记录，事故当天受害者及肇事者的开始工作时间、工作内容、工作量、作业程序和动作以及作业时的情绪和精神状态等。

3）证人材料的搜集。在获取物证及事实材料后，应尽快找到事故的目击者和有关人员搜集证明材料。可以通过交谈、访问及询问等方式来获取证人材料，但在询问时应避免提一些具有诱导性的问题。此外，由于各方面因素的影响，还应通过多方调查，前后对比等来对证人口述材料的真实程度，进行认真考证。

4）事故现场摄影。对于一些不能较长时间保留、有可能被消除或被践踏的证据，如各种残骸、受害者原始存息地、各种痕迹、事故现场全貌等，应利用摄影或录相等手段记录下来，为随后的事故调查和分析提供原始和真实的信息。

5）事故图绘制。为了直观地反映事故的情况，还应将事故的有关情况绘制出来，如事故现场示意图、流程图、受害者位置图等。

（3）事故原因分析：要认真整理和研究调查材料。要如实反映客观情况，切忌主观臆断。在经过反复鉴别的基础上，按照《企业职工伤亡事故分类标准》规定的以下内容进行分析：受伤部位、受伤性质、起因物、致害物、伤害方式、不安全状态、不安全行为。

在分析事故原因时，应从直接原因（指直接导致事故发生的原因）入手，即从机械、物质或环境的不安全状态和人的不安全行为入手。确定导致事故的直接原因后，逐步深入到间接原因方面（指直接原因得以产生和存在的原因，一般可以理解为管理上的原因）进行分析，找出事故的主要原因，从而掌握事故的全部原因，分清主次，进行事故责任分析。

（4）事故责任分析：对事故责任分析，必须以严肃认真态度对待。要根据事故调查所确认的事实，通过对直接原因和间接原因的分析，确定事故的直接责任者和领导责任者。然后在此基础上，根据直接责任者和领导责任者，在事故发生过程中的不同作用，确定事故的主要责任者。最后，根据事故后果和责任者应负的责任提出处理意见和防范措施建议。

（5）写出事故调查报告：调查组在完成上述工作后，应就所调查的内容写出书面的事故调查报告。报告应包括：事故经过，基本事实，原因分析，结论意见，责任分析，处理意见，防范措施等基本内容。

第七章　安全生产资料管理

安全生产资料的基本内容包括开工准备资料、安全组织和安全生产责任制、安全教育、施工组织设计方案及审批和验收、分部分项安全技术交底、安全检查、班组安全活动、工伤事故处理、临时用电、机械安全管理、外施队劳务管理等方面的内容。施工安全生产资料必须按照标准整理，做到真实、准确、齐全，设专职或兼职安全资料员进行保管，并进行定期、不定期的检查与审核。

一、安全生产资料总体要求

（1）施工现场安全基础管理资料必须按标准整理，做到真实、准确、齐全。

（2）文明施工资料作为工程文明施工考核的重要依据必须真实可靠。

（3）文明施工资料应按照“文明安全工地”八个方面的要求分别进行汇总、归档。

（4）文明施工资料由施工总承包方负责组织收集、整理资料。

（5）文明施工检查按照“文明安全工地”的八个方面打分表进行打分，工程项目经理部每 10 天进行一次检查，公司每月进行一次检查，并有检查记录，记录包括：检查时间、参加人员、发现问题和隐患、整改负责人及期限、复查情况。

二、安全生产资料管理内容

1．现场管理资料

（1）施工组织设计。要求：要有审批表、编制人、审批人签字（审批部门要盖章）。

（2）施工组织设计变更手续。要求：要经审批人审批。

（3）季节施工方案（冬雨期施工）审批手续。要求：要有审批手续。

（4）现场文明安全施工管理组织机构及责任划分。要求：要有相应的现场责任区划分图和标识。

（5）现场管理自检记录、月检记录。

（6）施工日志（项目经理，工长）。

（7）重大问题整改记录。

（8）职工应知应会考核情况和样卷。要求：有批改和分数。

2．安全管理资料

（1）总包与分包的合同书、安全和现场管理的协议书及责任划分。要求：要有安全生产的条款，双方要盖章和签字。

（2）项目部安全生产责任制（项目经理到一线生产工人的安全生产责任制度）。要求：要有部门和个人的岗位安全生产责任制。

（3）安全措施方案（基础、结构、装修有针对性的安全措施）。要求：要有审批手续。

（4）各类安全防护设施的验收检查记录（安全网、临边防护、孔洞、防护棚等）。

（5）脚手架的组装、升、降验收手续。要求：验收的项目需要量化的必须量化。

（6）高大、异型脚手架施工方案（编制、审批）。要求：要有编制人、审批人、审批表、审批部门签字盖章。

（7）安全技术交底，安全检查记录，月检、日检，隐患通知整改记录，违章登记及奖罚记录。要求：要分部分项进行交底，有目录。

（8）特殊工种名册及复印件。

（9）防护用品合格证及检测资料。

（10）入场安全教育记录。

（11）职工应知应会考核情况和样卷。

3. 临时用电安全资料

（1）临时用电施工组织设计及变更资料。要求：要有编制人、审批表、审批人及审批部门的签字盖章。

（2）安全技术交底。

（3）临时用电验收记录。

（4）月检及自检记录。

（5）接地电阻遥测记录；电工值班、维修记录。

（6）电气设备测试、调试记录。

（7）职工应知应会考核情况和样卷。

（8）临时用电器材合格证。

4. 机械安全资料

（1）机械租赁合同及安全管理协议书。要求：要有双方的签字盖章。

（2）机械拆装合同书。

（3）机械设备平面布置图。

（4）设备出租单位、起重设备安拆单位等的资质资料及复印件。

（5）总包单位与机械出租单位共同对塔机组人员和吊装人员的安全技术交底。

（6）塔式起重机安装、顶升、拆除、验收记录。

（7）外用电梯安装验收记录。

（8）自检及月检记录和设备运转履历书。

（9）机械操作人员及起重吊装人员持证上岗记录及证件复印件。

（10）职工应知应会考核情况和样卷。

5. 料具管理资料

（1）贵重物品、易燃、易爆材料管理制度。要求：制度要挂在仓库的明显位置。

（2）现场外堆料审批手续。

（3）材料进出场检查验收制度及手续。

（4）现场存放材料责任区划分及责任人。要求：要有相应的布置图和责任划分及责任人的标识。

（5）材料管理的月检记录。

（6）职工应知应会考核情况和样卷。

6. 保卫消防管理资料

（1）保卫消防设施平面图。要求：消防管线、器材用红线标出。

（2）现场保卫消防制度、方案及负责人、组织机构。

（3）明火作业记录。

（4）消防设施、器材维修验收记录。

（5）保温材料验收资料。

（6）电气焊人员持证上岗记录及证件复印件，警卫人员工作记录。

（7）防火安全技术交底。

（8）消防保卫自检、月检记录。

（9）职工应知应会考核情况和样卷。

7. 环境保护管理资料

（1）现场控制扬尘、噪声、水污染的治理措施。要求：要有噪声测试记录。

（2）环保自保体系，负责人。

（3）治理现场各类技术措施检查记录及整改记录（道路硬化、强噪声设备的封闭使用等）。

（4）自检和月检记录。

（5）职工应知应会考核情况和样卷。

8. 工地卫生管理资料

（1）工地卫生管理制度。

（2）卫生责任区划分。要求：要有卫生责任区划分和责任人的标识。

（3）伙房及炊事人员的三证复印件（即食品卫生许可证、炊事员身体健康证、卫生知识培训证）。

（4）冬季取暖设施合格验收证。

（5）月卫生检查记录。

（6）现场急救组织。

（7）职工应知应会考核情况和样卷。

三、建筑安全资料整理的一般做法

建筑施工安全资料管理，是专职安全员的业务工作之一，但相关资料的搜集、整理、归档，并无统一规定，目前常规做法有以下几类。

（1）施工现场的安全资料，按安全生产保证体系进行整理归集：

1）安全生产管理职责；

2）安全生产保证体系文件；

3）采购；

4）分包管理；

5）安全技术交底及动火审批；

6）检查、检验记录；

7）事故隐患控制；

8）安全教育和培训。

（2）施工现场的安全资料，按《建筑施工安全检查标准》（JGJ 59—1999）中规定的内容为主线整理归集，并按“安全管理”检查评分表所列的10个检查项目名称顺序排列，其他各分项检查评分表则作为子项目分别归集到安全管理检查评分表相应的检查项目之内。10 个子项目是：安全生产责任制；目标管理；施工组织设计；分部（分项）工程安全技术交底；安全检查；安全教育；班前安全活动；特种作业持证上岗；工伤事故处理；安全标志。

（3）施工企业的安全资料，按《施工企业安全生产评价标准》（JGJ/T 77—2003）中规定的内容为主线整理归集，即分为企业安全生产条件和企业安全生产业绩两大类。

1）企业安全生产条件：

① 安全生产管理制度；

② 资质、机构与人员管理；

③ 安全技术管理；

④ 设备与设施管理。

2）企业安全生产业绩：

① 生产安全事故控制；

② 安全生产奖惩；

③ 项目施工安全检查；

④ 安全生产管理体系推行。

题　库

一、判断题（判断下列各题对错，正确的画√，错误的画×）

1．“生产必须安全，安全为了生产”这种提法是与“安全第一”提法是矛盾的。（　）

2．载荷力的传递都是通过物体之间的作用与反作用关系传递到基础的。（　）

3．经验告诉我们，用扳手转动螺母时，作用于扳手一端的力使扳手绕某点转动的效应力不仅与力的大小有关，而且与某点到力作用线的水平距离有关。（　）

4．如果作用在构件上的力偶矩过大，它们将会被扭断或产生过大的变形。以致构件不能安全正常的工作。（　）

5．受压杆件的失稳，由于它是突然发生，故会造成灾难性的事故。（　）

6．在工程中，构件满足了强度和刚度要求就一定能够安全正常地工作。（　）

7．在工程中，有的构件满足了强度和刚度要求后，还必须满足压杆稳定条件才能安全正常地工作。（　）

8．我们在讨论电位能时常以大地电位能为零作为参考点。（　）

9．电路是断路状态时，将会造成电气设备过热。（　）

10．功率因数低，在线路上将引起较大的电压降和功率损失。（　）

11．肌肉中血液的供应和能源物质的含量都能影响肌肉力量。（　）

12．过度紧张的重度作业或持续高温、噪声的环境下，大脑皮层的兴奋性会大大降低，感觉器官和运动器官会反应迟钝，动作迟缓，容易产生差错，甚至出现意外事故。（　）

13．依靠肌肉等长性收缩维持一定体位所进行的作业称为静态作业，其特点是：能耗水平不高，但易产生疲劳。（　）

14．人的行动是受人的心理活动控制的，如果心理状态不正常，人的感知觉和中枢活动就不能正常的运行。这样所决定的措施、方案和策略，也就不能是客观事故的正确反映，因而在操作过程中，非出事故不可。（　）

15．为了防止遗忘量越过管理的界限，就要定期或及时地进行安全教育，使记忆间断活化，从而保持人的安全素质和意识警觉性。（　）

16．实际对不同的人和不同的学习材料进行识记，都是相同的遗忘曲线。（　）

17．高温和随之湿度的增加，使人头晕、疲惫，对于操作者，则增加了生理疲劳和疲惫，反应迟钝，操作能力低下，容易出现差错。（　）

18．红系统颜色对人在生理上起增加血压及脉搏的作用，在心理上有兴奋作用，不会产生不安感及紧张神经的副作用。（　）

19．噪声容易分散注意力，增加工作差错。（　）

20．现有企业暂时达不到《工业企业噪声卫生标准》（试行）规定标准的，可适当放宽条件，但不得超过 100 dB。（　）

21．为提高人机系统工作效率，保证人的安全、健康、舒适，这就要根据人的特征，以人为中心，设计出最符合人使用的机器设备、工具和最适宜的工作环境。（ ）

22．PDCA 循环的基本特点是大环套小环，小环保大环，相互联系，彼此促进。（ ）

23．企业安全文化是企业物质安全文化和精神安全文化的总称。（ ）

24．施工单位的专职安全生产管理人员要进行现场监督检查，发现不按照施工组织设计、安全技术措施（方案）进行施工的行为要予以制止，以保证各分部分项工程按照施工组织设计顺利进行。（ ）

25．安全生产规章制度和企业标准是安全生产法律法规的延伸。（ ）

26．施工组织设计，是指导施工准备和组织施工的全面性的技术、经济文件，是进行安全技术交底和实施安全技术措施的依据。（ ）

27．安全员对纠正和预防措施的实施过程和实施效果应进行跟踪检查，需要时可保存验证记录。（ ）

28．企业应使用现行有效的规范、标准和文件。（ ）

29．安全检查还应进行应知应会的抽查，以便了解管理人员及操作人员的安全素质。（ ）

30．安全检查是否完毕，不应根据整改是否到位来决定。（ ）

31．整改过程不一定存入安全检查记录中，但必须确认整改完毕。（ ）

32．多人同时对同一项目检查评分时，应按加权评分方法确定分值。权数的分配原则是：项目经理的权数为 0.5，专职安全员的权数为 0.3，其他人员的权数为 0.2。（ ）

33．构成事故的三因素是：人员、机器设备和环境。（ ）

34．江苏省省级文明工地评审工作实行现场考核与审定分离的原则。（ ）

35．安全帽上涂的红色为安全色。（ ）

36．架子工学徒期间应直接登高作业，熟悉操作要领，学习登高技术。（ ）

37．拆架子时，拆下的材料要随拆随清理。从高处向下抛投物料时应向下面喊话。（ ）

38．钢管架子垫板时可使用短板。（ ）

39．架子基础处理时要严格认真，地面夯实平整。（ ）

40．选择架子材料时，钢管立杆弯曲时要调直后使用。（ ）

41．架子选材时对立杆选择一定要严格，尽量采用壁厚均匀的钢管。（ ）

42．架子拆除时要自上而下顺序拆除。所有杆件材料均按先搭的先拆，后搭的后拆的原则施工。（ ）

43．架子拆除时要自上而下顺序拆除，若上下同时作业时，要注意安全。（ ）

44．拆架子时要设专人监护，上方作业时人员进入拆除现场要注意安全。（ ）

45．支护设计方案，不仅直接影响施工工期和造价，更直接关系到施工安全与周边环境的安全。（ ）

46．基坑施工没有设专用通道的，作业人员上下攀爬模板、脚手架时要注意安全。（ ）

47．旧安全网在重新使用前，应由专人进行全面的检查，做出详细检查记录，并由检查人签发允许使用证明。（ ）

48．安全网在被保护区域的作业停止后经研究方可拆除。（ ）

49．安全带使用时可以将绳打结使用。（ ）

50．安全带使用时可以将钩直接挂在安全绳上使用。（ ）

51．电梯井口防护必须设高度不低于 1m 的金属防护门。（ ）

52．物料提升机在确保安全的情况下，不许人员乘吊篮、吊笼上下，禁止使用单绳提升吊篮。（ ）

53．塔吊供电系统无法实行三相五线制时，其专用电源初端应增重复接地装置，接地电阻不大于 4

欧。（ ）

54．不论塔吊产权或租赁方式如何，都不得将塔吊安装、维护、拆除作业委托给未取得省市级安全认可证书的作业队承担。（ ）

55．保护接地和保护接零是防止电气设备意外带电造成触电事故的基本技术措施。（ ）

56．在同一电网内，允许一部分用电设备采用保护接地；而另外一部分设备采用保护接零。（ ）

57．进行拆除工程时，拆除区周围应设立围栏，挂警告牌，并派专人监护，严禁无关人员逗留。（ ）

58．电焊的导线不能与装有气体的气瓶接触，也不能与气焊的软管或气体的导管放在一起。（ ）

59．租赁企业出租的起重机械设备应当具有生产许可证、产品合格证，并达到江苏省《施工现场机械设备完好技术标准》的要求。（ ）

60．根据建筑施工企业的特点，企业可以不编制生产安全事故应急救援预案，但一定要规定施工项目部必须编制生产安全事故应急救援预案。（ ）

61．一个工地的文明施工水平是该工地乃至所在企业各项管理工作水平的综合体现。（ ）

62．《建筑法》不包括房屋拆除安全的有关内容。（ ）

63．企业法人可以作为刑事责任的主体。（ ）

64．由于木杆、竹竿脚手架的材料质量难控制、结构稳定性较差，现在除有隔电要求等特殊情况外是禁止使用的。（ ）

65．企业必须建立方案审批、安全技术交底及按图施工等相关制度，保证脚手架搭设和使用的安全。（ ）

66．伤亡事故是指企业职工在生产劳动过程中发生的人身伤害、急性中毒事故。（ ）

67．为了防止塌方，保证施工安全，开挖土方深度超过一定限度时，边坡均应做成一定坡度。（ ）

68．混凝土集水井一般应以混凝土或石料进行封底，以免井底管涌。（ ）

69．混凝土护壁的构造，分段高度由土质情况确定一次挖土深度。一般为 0.9～1 m，但土质不好也可一次挖 0.6 m。（ ）

二、单选题（以下各题的备选答案中只有一个最符合题意，请将其选出）

1．遇有严重隐患或违反规章制度的行为，有可能立即造成重大伤亡事故危险，特别紧急的不安全情况时，专职安全生产管理人员应（ ）。

A．立即报告领导研究处理，根据处理意见决定是否停工整改

B．有权指令先行停止生产，并立即报告领导研究处理

C．无权指令先行停止生产，应立即报告领导研究处理

D．立即做出是否停工整改的处理决定

2．（ ）就是用科学的手段，激发人的内在潜力，充分发挥人的积极性和创造性。

A．人本原理 B．能级原理 C．动力原理 D．激励原理

3．专项施工方案经施工单位技术负责人、总监理工程师签字后实施。由（ ）进行现场监督。

A．施工单位技术负责人 B．总监理工程师

C．专职安全生产管理人员 D．项目经理

4．申请领取施工许可证，应当有（ ）等条件。

A．保证工程质量的具体措施 B．保证安全的具体措施

C．保证工期的具体措施 D．保证工程质量和安全的具体措施

5. 在 2005 年 1 月 13 日之后，企业未取得安全生产许可证，企业继续进行生产的话，企业将面临（ ）的处罚。

A. 责令停止生产，没收违法所得，并处 10 万元以上 50 万元以下的罚款

B. 责令停止生产，限期补办延期手续，没收违法所得，并处 5 万元以上 10 万元以下的罚款

C. 责令停止生产，并处 5 万元以上 10 万元以下的罚款

D. 处 5 万元以上 10 万元以下的罚款

6. 所谓（ ）就是指生产经营活动中，为保证人身健康与生命安全。保证财产不受损失，确保生产经营活动得以顺利进行，促进社会经济发展、社会稳定和进步而采取的一系列措施和行动的总称。

A. 安全生产　　B. 劳动保护

C. 职业健康安全　　D. 劳动安全卫生

7. 刑法规定：不服管理、违反规章制度，或者强令工人违章冒险作业，因而发生重大伤亡事故或者造成其他严重后果的，处 3 年以下有期徒刑或者拘役；情节特别恶劣的，处（ ）有期徒刑。

A. 3 年以上 7 年以下　　B. 3 年以上 10 年以下

C. 5 年以上 10 年以下　　D. 5 年以上 20 年以下

8. 刑法规定：建筑企业的劳动安全设施不符合国家规定，经有关部门或者单位职工提出后。对事故隐患仍不采取措施，因而发生重大伤亡事故或者造成其他严重后果的，对直接责任人员，处 3 年以下有期徒刑或者拘役；情节特别恶劣的，处（ ）有期徒刑。

A. 3 年以上 7 年以下　　B. 3 年以上 10 年以下

C. 5 年以上 10 年以下　　D. 5 年以上 20 年以下

9.（ ）两物体间相互作用的力总是大小相等、方向相反、沿同一直线，并分别作用在两个物体上。

A. 二力平衡定律　　B. 加减平衡力系定律

C. 力的平行四边形定律　　D. 作用和反作用定律

10. 无论物体怎样放置，物体各微小部分受重力组成的近似空间平行力系的合力作用线总量是通过物体的（ ）。

A. 中心　B. 重心　C. 内心　D. 外心

11. 实验结果表明：在弹性变形范围内，同一材料其纵向线应变与横向线应变的（ ）。

A. 比值是定值　　B. 比值是不定值

C. 比值成反比　　D. 比值发生变化

12. 全电路欧姆定律：在闭合电路中，（ ），与内外电路电阻之和成反比。

A. 电流与电流的电动势成反比　　B. 电流与电流的电动势无关

C. 电流与电流的电动势成正比　　D. 电流与电阻的大小无关

13. 三相负载不对称，只能作三相四线制星形连接，（ ）。

A. 中线允许装容断器

B. 中线不但是必要的，而且是绝对不允许断开的

C. 中线是必要的，但可以连接开关

D. 中线一般不许断开

14. 安全教育中心理效应有多种，其中（ ），也称第一印象。

A. 优先效应　B. 近因效应　C. 心理暗示　D. 逆反心理

15. 颜色的三要素是（ ）。

A. 色相、明度及彩度　　B. 色度、明度及彩度

C. 色相、亮度及彩度　　D. 色相、明度及色度

16.（ ）给人以温暖的感觉，这些颜色叫暖色。

A. 青、绿、紫色　　B. 红、黄红（橙色）、黄色

C. 黑白色　　D. 红白色

17. 我国现行《工业企业噪声卫生标准》（试行）是根据 A 声级制定的，以语言听力损伤为主要指标并参考其他系统的改变，规定工作地点噪声容许标准为（ ）。

A. 60 dB（A）　B. 80 dB（A）　C. 85 dB（A）　D. 90 dB（A）

18.（ ）为：事先把检查对象加以剖析，把大系统分割成小的子系统，查出不安全因素的所在，然后确定检查项目，以提问的方式，将检查项目依系统或子系统按顺序编制成表，以便进行安全检查或事故发生后检查分析用。

A. 安全检查表（SCL）方法　　B. 故障类型影响分析（EMEA）方法

C. 事件树分析（ETA）方法　　D. 事故树分析（YRA）方法

19.（ ）国际核安全咨询组织的《安全文化》小册子正式出版。它标志着核安全文化的开始。

A. 1980 年　B. 1991 年　C. 2000 年　D. 2004 年

20.（ ）开始，全国开展了“安全生产周”活动。

A. 1980 年　B. 1991 年　C. 2000 年　D. 2004 年

21.（ ）的安全职责为：落实安全设施的设置。对施工全过程的安全进行监督，纠正违章作业，配合有关部门排除安全隐患，组织安全教育和全员安全活动，监督劳保用品质量和正确使用。

A. 专职安全生产管理人员　　B. 班组长

C. 操作工人　　D. 项目负责人

22. 安全检查人员对检查出的违章指挥和违章作业行为，（ ）。

A. 事后向责任人指出

B. 可以当场指出，也可以通过事后向责任人指出

C. 通过项目经理向责任人指出

D. 向责任人当场指出，限期纠正

23.（ ）的对象是从事生产的劳动者。

A. 劳动保护　　B. 安全生产管理

C. 职业健康安全管理体系　　D. 劳动卫生管理

24. 各分部分项工程，关键工序，专项方案实施前，（ ）将安全技术措施向参加施工的管理人员进行交底。

A. 只能由项目技术负责人

B. 只能由安全员

C. 只能由项目施工员

D. 项目技术负责人、安全员应会同项目施工员

25. 被查部门和班组负责人对查出的隐患，应立即研究制订整改方案。按照“三定”，即（ ），限期完成整改。

A. 定人、定责任、定措施　　B. 定人、定期限、定措施

C. 定人、定责任、定处罚金额　　　D. 定责任、定期限、定措施

26. 在检查评分中，遇有多个脚手架、塔吊、龙门架与井字架等评分时，则该项目得分应为（　）。

A. 各项实得分数之和

B. 各项实得分数的加权平均值

C. 各项实得分数中保证项目分数之和

D. 各项实得分数的算术平均值

27. 多人同时对同一项目检查评分时，应（　）确定分值。

A. 按多人评分分数之和

B. 按加权评分方法

C. 按多人评分分数中保证项目分数之和

D. 按多人评分分数的算术平均值

28. 江苏省建筑施工起重机械设备安全管理规定，起重机械设备安装后停用（　）以上的再重新启用前，必须经建筑起重机械检测机构进行检测。检测合格后，方可继续使用。

A. 三个月　B. 半年　C. 一年　D. 二年

29. 江苏省建筑施工起重机械设备安全管理规定，起重机械设备的使用单位应当对在用起重机械设备进行维护保养与检查，做到（　），并做记录。

A. 每周至少进行一次检查　　　B. 每半月至少进行一次检查

C. 每月至少进行一次检查　　　D. 每半年至少进行一次检查

30. 起重机械设备主要结构件应力超过原计算应力的（　），应当及时予以报废。

A. 2%　B. 5%　C. 10%　D. 15%

31. 为了使安全色衬托得更加醒目，规范规定用（　）作为安全色的对比色。

A. 白色和黑色　B. 白色和红色　C. 红色和黑色　D. 黑色和黄色

32.（　）安全色是表示：指令，必须遵守的规定。

A. 红色　B. 蓝色　C. 黄色　D. 绿色

33. 架子使用层均满铺脚手板，靠墙侧板与墙间隙不得大于（　）。

A. 20 cm　B. 30 cm　C. 40 cm　D. 50 cm

34. 架子外侧设立防护时，防护高度不低于（　），立网上下均应与架子对连严密。

A. 0.7 m　B. 1 m　C. 1.2 m　D. 1.8 m

35. 钢管架子的每一个扣件均要拧紧到（　）。

A. 1kgf·m　B. 2 kgf·m　C. 3 kgf·m　D. 4～5 kgf·m

36. 人工挖方应从上而下分层进行，禁止采用挖空底脚的操作方法（也叫挖“神仙土”）。在沟、坑边堆放泥土、材料，（　）。

A. 至少要距边沿 50 cm，其高度不得超过 1m

B. 至少要距边沿 60 cm，其高度不得超过 1.2 m

C. 至少要距边沿 70 cm，其高度不得超过 1.5 m

D. 至少要距边沿 80 cm，其高度不得超过 1.5 m

37. 当基坑施工深度达到（　）时，对坑边作业已构成危险，按照高处作业和临边作业的规定，应搭设临边防护设施。

A. 1m　B. 1.2 m　C. 1.8 m　D. 2 m

38．安全帽在使用过程中会逐渐损坏，要经常进行外观检查，达不到标准要求的，就不能使用。玻璃钢安全帽使用期限不超过（ ）。到期的安全帽要进行抽查测试。

A．三年半 B．四年 C．四年半 D．五年

39．对使用中的安全网，必须（ ）进行一次定期检查。当受到较大冲击（人体或相当于人体的其他物体）后，应及时检查其是否有严重的变形、磨损、断裂，连接部位是否有松脱，以及是否有霉变等情况，以便及时更换或修整。

A．每天 B．每星期 C．每月 D．每季度

40．安全带长度一般在（ ）。

A．0.5～1m B．0.5～1.5 m C．1.5～2 m D．2～3 m

41．安全带长度（ ）以上长绳应加缓冲器。

A．2 m B．3 m C．4 m D．5 m

42．使用频繁的安全带，要经常作外观检查，发现异常应立即更换，使用期（ ）。

A．1 年 B．2 年 C．3 年 D．3～5 年

43．一般情况下，安全带使用（ ）后，按批量购入的情况抽验一次。安全带各部件及安全带整体要做静负荷和冲击试验。

A．1 年 B．2 年 C．3 年 D．3～5 年

44．悬挂和攀登安全带按不同绳长应做冲击试验。以（ ）重拴挂，自由坠落，部件应无破断、裂纹和脱钩等情况出现。架子工安全带做冲击试验时，要将模拟人型抬高 1m 进行。

A．80 kg B．100 kg C．150 kg D．200 kg

45．（ ）以下的孔洞应预埋通长钢筋网或加固定盖板，超过该范围以上的孔洞，四周必须设两道护身栏杆，中间支挂水平安全网。

A．1m×1m B．1.2 m×1.2 m C．1.5 m×1.5 m D．1.8 m×1.8 m

46．电梯井内首层和首层以上（ ）设一道水平安全网，安全网应封闭严密，未经上级主管技术部门批准，电梯井内不得做垂直运输通道和垃圾通道。

A．每隔 1 层 B．每隔 4 层 C．每隔 5 层 D．每隔 6 层

47．电工作业（ ）进行，并按规定穿绝缘鞋、戴绝缘手套、使用绝缘工具，严禁带电接线和带负荷插拔插头等。

A．电工单独 B．由两人以上配合

C．由安全员单独 D．由电器操作工单独

48．工程项目（ ）应对临时用电工程至少进行一次安全检查，对检查中发现的问题及时整改。

A．每天 B．每周 C．每半月 D．每月

49．容量大于（ ）的动力电路应采用自动开关电器控制。

A．5.5 kW B．6 kW C．8 kW D．10 kW

50．遇有（ ）以上大风气候时，应停止高空和露天焊割作业。

A．3 级 B．4 级 C．5 级 D．6 级

51．电焊机应设专用接地线，（ ），防止接触火花，造成起火事故。

A．接地线接在机械设备上 B．接地线接在管道上

C．接地线接在避雷引线上 D．直接放在焊件上

52．工程项目（ ）安全检查，对检查中发现的问题及时整改。

A. 每天应对临时用电工程至少进行一次

B. 每周应对临时用电工程至少进行一次

C. 每周应对临时用电工程至少进行二次

D. 每月应对临时用电工程至少进行一次

53. 企业应对分包单位的资质进行评价，（ ），明确相应的分包工程范围，从中选择信誉、能力等符合要求，合适的分包单位。

A. 建立所有分包单位资质档案材料的管理

B. 建立合格分包单位的名录

C. 建立分包单位所有管理人员的名录

D. 建立分包单位所有业务人员的名录

54. 在向使用单位进行起重机械设备移交前，应当（ ）并与产权单位和使用单位联合进行安装质量验收，经验收合格后，方可投入使用。

A. 委托监理单位检测合格

B. 委托建设主管部门检测合格

C. 应当先自行进行检测合格

D. 委托建筑起重机械检验检测机构检测合格

55. 企业在制定安全生产责任制时，（ ）。

A. 有关职责和指标应当事先经过责任人的确认并有记录

B. 有关职责和指标应当事后通报责任人确认

C. 有关职责和指标应当由企业领导层制定，并及时下发给责任人

D. 有关职责和指标应当由企业领导层制定，可不直接发给责任人

56. 临时用电设备（ ），应编制临时用电工程施工组织设计。

A. 在 2 台（含）以上或设备总容量在 30 kW（含）以上者

B. 在 3 台（含）以上或设备总容量在 30 kW（含）以上者

C. 在 4 台（含）以上或设备总容量在 50 kW（含）以上者

D. 在 5 台（含）以上或设备总容量在 50 kW（含）以上者

57. 施工单位应当自施工起重机械和整体提升脚手架、模板等自升式架设设施验收合格之日起（ ）日内，向项目所在地县以上建设行政主管部门登记。

A. 3　　B. 6　　C. 15　　D. 30

58. 施工单位应当自施工起重机械和整体提升脚手架、模板等自升式架设设施验收合格之日起 30 日内，向项目所在地县以上建设行政主管部门登记。登记标志应当置于或者附着于（ ）。

A. 办公室墙上该设备的显著位置　　B. 该设备的显著位置

C. 会议室墙上该设备的显著位置　　D. 安全宣传栏的该设备的显著位置

59. 双方在书面安全技术交底上签字确认，（ ）。

A. 主要是防止走过场，并有利于各自责任的确定

B. 主要是体现一种形式

C. 主要是为了应付上级的检查

D. 主要防止被交底方事后不承认

60. 拆除建筑物，（ ）。

A．应自上而下顺序进行　　B．应自下而上顺序进行

C．可数层同时拆除　　D．可先行拆除建筑物的栏杆、楼梯和楼板

61．安全生产管理通常是指管理者对安全生产工作进行的（　）等一系列活动。

A．计划、检查、落实、奖罚、协调和控制

B．决策、计划、组织、指挥、协调和控制

C．计划、布置、落实、检查、总结

D．决策、计划、指挥、协调和控制

62．我国当前安全生产工作格局是：（　）。

A．国家监察、行政管理、群众监督

B．企业负责，行业管理，国家监察，群众监督

C．企业负责、行政管理、国家监察、群众监督、劳动者遵章守纪

D．政府统一领导、部门依法监管、企业全面负责、群众监督参与、社会广泛支持

63．（　）是安全生产方针的核心。

A．安全生产法　　B．安全第一

C．预防为主　　D．安全生产许可制度

64．安全生产基本原则是：（　）。

A．加强劳动保护，改善劳动条件　　B．管生产必须管安全

C．三不伤害　　D．四不放过

65．美国、德国在安全生产工作中严格执行各种技术规范、规程和安全措施。他们认为：（　）。

A．严格执行各种技术规范、规程和安全措施就是政府加强监督

B．技术规范、规程和安全措施，加上严厉的处罚，是保障安全生产最有效的方法

C．严格执行各种技术规范、规程和安全措施就是要严格处罚

D．这是最适用、最有效的管理办法

66．死亡事故是指（　）。

A．一次死亡1～2人的事故

B．一次死亡1～3人的事故

C．一次死亡3～5人的事故

D．一次死亡5人以上（含5人）的事故

67．坍塌是指（　）。

A．出于危险重力势能差引起的伤害事故

B．失控物体的惯性造成的人身伤害事故

C．建筑物、构筑、堆置物等倒塌以及土石塌方引起的事故

D．从事起重作业时引起的机械伤害事故

68．排水沟的断面尺寸根据地下水水量而定，一般为（　），并以3%～5%的坡度坡向集水井。

A．15 cm×15 cm

B．30 cm×30 cm

C．40 cm×40 cm

D．50 cm×50 cm

69．集水井的间距根据土质和地下水量决定，通常为（　）。

A．50～100 m

B．100～150 m

C．150～200 m

D．200～300 m

70．桩底应支撑在可靠的持力层上，配筋由计算确定，桩间净距按各地主管部门规定实行，一般不宜小于（　）倍桩直径。

A．1

B．2

C．3

D．5

71．为了确保孔内挖土操作安全，防止土壁坍塌，一般挖孔每挖（　）m 深要对孔壁支护一次倍桩直径。

A．1

B．2

C．3

D．5

72．井下作业人员连续工作时间不宜超过（　）h，应勤轮换井下作业人员。

A．1

B．2

C．3

D．4

73．立杆的接头，相邻杆要错开，布置在不同步距内，其接头距大横杆的距离不要大于步距的（　）。

A．1/1

B．1/3

C．1/4

D．1/5

74．立杆的垂直偏差，当架高在 30 m 以下时，不大于架高的（　）；架高在 30 m 以上时，不大于架高的（　）；同时全高垂直偏差不大于 100 mm。

A．1/200，1/400～1/600

B．1/300，1/600～1/800

C．1/400，1/800～1/1 000

D．1/500，1/1 000～1/1 200

75．连墙杆要设置在框架梁或楼板附近等具有较好的抗水平力作用的结构部位，其垂直距离不大于（　）m，不大于 3 个大横杆步距；水平距离为 4.5～6.0 m，不大于立杆的（　）个纵距。

A．2，3

B．3，3

C．3，4

D．4，4

76．下列不属于提升式吊篮悬挂部件的是（　）。

A. 挑梁

B. 固定螺栓

C. 钢丝绳

D. 手扳葫芦

77. 吊篮可根据工程需要来设计，分单层和双层两种，单层吊篮高（ ）m 左右，双层吊篮高（ ）m 左右，吊篮宽约 1 m。

A. 2，2

B. 2，3

C. 2，4

D. 3，4

78. 操作台是由两榀桁架横向同角焊接而成，桁架一般用 40 mm×4 mm 或 50 mm×5 mm 的角钢作上弦，直径（ ）mm 的钢筋作腹杆。

A. 12

B. 14

C. 16

D. 18

79. 脚手板一般做成（ ）的定型板，满铺与操作台上面。

A. 100 cm×50 cm

B. 100 cm×100 cm

C. 100 cm×150 cm

D. 100 cm×200 cm

80. 挑架子中的斜杆与墙面夹角应不大于（ ）。

A. 15°

B. 30°

C. 45°

D. 60°

81. 搭设挑架子时要先立好室内的（ ）根立杆，绑上室内墙杆。

A. 1

B. 2

C. 3

D. 4

82. 组合插口架子应使用外径为（ ）mm，壁厚为（ ）mm 的钢管为宜。

A. 42，3～3.5

B. 45，3～4

C. 48，3～3.5

D. 52，3～4

83. 架子铺设的跳板应用（ ）厚的木板，上下两步脚手板要铺平、铺严、固定牢。

A. 25～100 mm

B. 25～150 mm

C．25～200 mm

D．25～550 mm

84．插口架子安装就位后，架子之间的间隙不得大于（　）mm。

A．50

B．80

C．100

D．150

85．阳台栏板能随结构一起安装的工程，在阳台正面设插口架子时，应在室内用斜别管固定插口架，别管向墙高倾斜（　）。

A．60°～70°

B．70°～75°

C．75°～78°

D．80°～85°

86．马凳支在底层地面上时，应先将土层夯实，并铺设厚（　）mm 的垫板。

A．10

B．20

C．30

D．40

87．伞形支柱的架设间距，砌墙时为（　）m，粉刷时为（　）m。

A．2，2.5

B．3，2.5

C．2，3.5

D．3，3.5

88．推车搬运运料斜道宽度不小于 2 m，坡度为（　）（高∶长）。

A．1∶5

B．1∶6

C．1∶7

D．1∶8

89．浇混凝土及走水泥车的单坡度斜道，每隔（　）根立杆（立管）应设一道剪刀撑（剪子股），斜道两侧也要绑扶手、栏杆，并用围网封严。

A．2

B．3

C．4

D．5

90．浇混凝土走水泥车的单坡斜道缓步平台，其宽度为（　）m，长为（　）m，搭设时要先绑好铺跳板的大横杆（管）。

A．2，2

B．2，4

C．3，4

D. 3，5

91. 雨季施工时，高耸结构的模板作业要装避雷设施，其接地电阻不得大于（ ）Ω。

A. 2

B. 3

C. 4

D. 5

92. 冬季施工时，对操作地点和人行道的冰雪要事先清除掉，避免人员滑倒摔伤。（ ）级以上大风天气，不宜进行大规模板拼装和吊装作业。

A. 2

B. 3

C. 4

D. 5

93. 吊运模板的起重机任何部位和被吊物件边缘与 10 kV 以下架空线路边缘最小水平距离不得小于（ ）m。

A. 2

B. 3

C. 4

D. 5

94. 夜间施工，必须有足够的照明，照明电源电压不得超过（ ）V。

A. 25

B. 30

C. 35

D. 50

95. 基坑（槽）上口边缘（ ）m 以内不允许堆放模板构件和材料。

A. 1

B. 2

C. 3

D. 4

96. 模板在（ ）m 以上不宜单独支模，应将几个柱子模板拉结成整体。

A. 3

B. 4

C. 5

D. 6

97. 滑模施工现场供电线路的架设应符合下列规定：当线路与道路交叉时，其架设高度不低于（ ）m；当线路与铁路交叉时，其架设高度不低于（ ）m。

A. 3，4

B. 4，5

C. 5，6

D. 6，7

98．现场照明应保证工作面亮度要求，滑模操作平台上的便携式照明灯电压不高于（ ）V，操作平台上采用（ ）V 电压供电设备。

A．24，220

B．25，220

C．35，380

D．36，380

99．现浇注模板拆除顺序如下：（ ）。

A．除斜撑或立杆（或钢拉条）→自上而下拆除柱箍或横楞→拆除竖楞并由上向下拆模板连接件、模板面

B．除斜撑或立杆（或钢拉条）→拆除竖楞并由上向下拆模板连接件、模板面→自上而下拆除柱箍或横楞

C．自上而下拆除柱箍或横楞→除斜撑或立杆（或钢拉条）→拆除竖楞并由上向下拆模板连接件、模板面

D．拆除竖楞并由上向下拆模板连接件、模板面→自上而下拆除柱箍或横楞→除斜撑或立杆（或钢拉条）

100．按生产工艺，钢筋可分为（ ）。

A．热扎钢筋、冷拉钢筋、冷拔钢丝

B．碳素钢筋、普通低碳合金钢

C．高碳钢、中碳钢、低碳钢

D．Ⅰ级钢筋、Ⅱ级钢筋、Ⅲ级钢筋、Ⅳ级钢筋

101．墙体转角和交连处应同时砌筑，不能同时砌筑时应留斜槎，其长度不得小于其高度的（ ）。

A．1/3

B．1/2

C．2/3

D．3/4

102．下列不属于常见的屋面形式的是（ ）。

A．平屋面

B．坡屋面

C．拱形屋面

D．瓦屋面

103．安全距离是指带电导体与附近接地的物体、地面、不同极（或相）带电体以及个体之间必须保持的最（ ）空间距离或最（ ）空气间隙。

A．小，小

B．小，大

C．大，小

D．大，大

104．若电气设备发生漏电故障，则接地体带电，对于垂直接地体，距离接地体（ ）m 以外的土壤中流散电流所产生的电位已接近零。

A．5

B. 10

C. 20

D. 30

105. 当电气设备采用超过（ ）V 的安全电压时，必须采取直接接触带电体的保护措施。

A. 16

B. 24

C. 36

D. 220

106. 配电室建筑物的耐火等级不低于（ ）级。

A. 一

B. 二

C. 三

D. 四

107. 施工现场临时用电工程的运行环境条件较正式电气工程差，应对配电箱和开关箱定期检查、维修、检查、维修周期应适当缩短，一般一月（ ）次为宜。

A. 一

B. 二

C. 三

D. 四

108. 违反《安全生产许可证条例》规定，未取得安全生产许可证擅自进行生产，责令停止生产，没收违法所得，并处（ ）的罚款；造成重大事故或者其他严重后果，构成犯罪的，依法追究刑事责任。

A. 10 万元以上 50 万元以下　　B. 5 万元以上 20 万元以下

C. 5 万元以上 30 万元以下　　D. 10 万元以上 30 万元以下

109. 我国安全生产管理的基本方针是（ ）。

A. 安全第一

B. 预防为主

C. 综合治理

D. 以上三项

110. 对同一安全生产事项的技术要求，安全生产行业标准（ ）安全生产国家标准。

A. 可以高于

B. 不得高于

C. 应当高于

D. 必须高于

111.《建筑法》规定："建筑工程安全生产管理必须坚持（ ）的方针。"

A. 安全第一

B. 预防为主

C. 安全第一、预防为主

D. 安全第一、预防为主、综合治理

112. 依据《安全生产法》的规定，生产经营单位因违法造成重大生产安全事故，从业人员依法获得工伤保险后，（ ）要求生产经营单位给予赔偿的权利。

A. 自动丧失

B. 不得享有

C. 应当放弃

D. 仍然享有

113. 依据《安全生产法》的规定，生产经营单位负责人接到事故报告后，应当（ ）。

A. 迅速采取有效措施，组织抢救

B. 立即向新闻媒体披露事故信息

C. 告知其他人员处理

D. 在48小时内报告政府部门组织抢救

114. 依据《安全生产法》的规定，生产经营单位（ ）工程项目的安全设施，必须与主体工程同时设计、同时施工、同时投入生产或者使用。

A. 新建、扩建、改建

B. 新建、扩建、引进

C. 扩建、改建、翻修

D. 新建、改建、装修

115.《安全生产法》第一次在安全生产立法中设定了（ ）责任，这是安全生产立法的一大突破。

A. 刑事赔偿

B. 经济补偿

C. 民事赔偿

D. 国家赔偿

116. 依据《劳动法》的规定，未成年人是指（ ）的劳动者。

A. 年满12周岁未满16周岁

B. 年满14周岁未满16周岁

C. 年满16周岁未满18周岁

D. 年满14周岁未满18周岁

117. 依据《建设工程安全生产管理条例》的规定，实行施工总承包的，由（ ）支付意外伤害保险费。

A. 总承包单位和分包单位共同

B. 总承包单位

C. 总承包单位和分包单位根据合同约定分别

D. 分包单位

118. 依据《建设工程安全生产管理条例》的规定，施工单位的（ ）应当对建设工程项目的安全施工负责，落实安全生产责任制度等，并根据工程的特点组织制定安全施工措施，消除安全事故隐患，及时如实报告生产安全事故。

A. 委托监督员

B. 项目负责人

C. 安全生产管理人员

D. 技术负责人

119．根据建设（建教[1997]83 号文件）《建筑企业职工安全培训教育暂行规定》对安全教育与培训时间的要求：专职管理和技术人员每年至少（　　）学时。

A．15

B．20

C．30

D．40

120．对入场新工人的三级安全教育一般是由企业的（　）等部门配合进行的。

A．安全、法律、劳动、技术

B．安全、教育、劳动、技术

C．组织、法律、劳动、技术

D．安全、教育、组织、技术

121．安全色规定红色代表（　　）。

A．警告、注意

B．指令、遵守

C．禁止、危险

D．通行、安全

122．以下行为属于人的不安全行为在施工现场的是（　）。

A．攀坐不安全位置

B．防护等装置缺少或有缺陷

C．设备、设施、工具等附件有缺陷

D．个人防护用品、用具缺少或有缺陷

123．以下不安全因素中属于管理上的不安全因素是（　　）。

A．不安全装束

B．在起吊物下作业、停留

C．技术上的缺陷

D．分散注意力行为

124．安全生产管理机构是指施工单位专门负责安全生产管理的内设机构，其人员为（　）。

A．专职人员

B．兼职人员

C．可以从事多项工作

D．仅能从事两项工作

125．对承包工程项目的安全生产负全面领导责任的是（　）。

A．企业经理

B．企业总工程师

C．项目经理（工地负责人）

D．项目技术负责人

126．（　）对施工生产中的有关技术问题负安全责任。

A．生产企划部

B．技术部门

C．机械设备部

D．材料供应部

127．以下关于操作人员行为正确的是（ ）。

A．宁愿伤害他人不要伤害自己

B．发现与自己工作无关的安全隐患不上报

C．发生伤亡事故和未遂事故，要保护现场并立即上报

D．发生安全事故后逃离现场

128．《中华人民共和国职业病防治法》规定："劳动者依法享有（ ）的权利"。

A．选举

B．从业

C．个人保护

D．职业保护

129．（ ）是生产性粉尘危害人体健康的重要的病变。

A．尘肺

B．间皮瘤

C．职业性哮喘

D．接触性皮炎

130．土方开挖工程中对深度超过（ ）m 的基坑应当组织专家进行论证。

A．4

B．5

C．6

D．8

131．按伤害程度分，损失工作日（ ）日的为重伤。

A．≥50

B．≥75

C．≥100

D．≥105

132．在建筑施工中死亡人数在 3～9 人，重伤人数在 20 人以上为（ ）级事故。

A．Ⅰ

B．Ⅱ

C．Ⅲ

D．Ⅳ

133．重大事故发生后，施工发生单位应根据建设部 3 号令的要求，在（ ）h 内写出书面报告。

A．2

B．8

C．12

D．24

134．按照建设部监理公司[1995]14 号文件要求，凡发生一次伤亡 5 人以上的事故，由（ ）到现场。

A．主管处长

B．主管部长

C．安全监督员

D．厅长

135．以下不属于安全生产目标管理的是（ ）。

A．项目安全生产目标

B．脚手架施工方案

C．安全生产目标责任分解资料

D．项目安全管理、安全达标计划

136．行政法规是由国务院制定的（ ），颁布后在全国范围内施行。

A．法律 B．法规 C．规章 D．规范性文件

137．在（ ）中，我国第一次以法律形式确立了企业安全生产的准入制度，是强化安全生产源头管理，全面落实“安全第一，预防为主”安全生产方针的重大举措。

A.《建筑法》 B.《安全生产许可证条例》

C.《建设工程安全生产管理条例》 D.《安全生产法》

138．所有模板工程施工方案（ ）。

A．必须由项目经理审批 B．必须由项目技术负责人审批

C．必须由安全员审批 D．应按权限进行审批

139．物料提升机的断绳保护装置，是为了（ ）不受伤害。

A．确保在吊篮往上运行当中，吊篮内的作业人员

B．确保在吊篮往下运行当中，吊篮内的作业人员

C．确保吊篮运行停靠时，进入吊篮内运出物料的作业人员

D．确保吊篮运行停靠时，进入吊篮下面的作业人员

140．企业在安全生产许可证有效期内。严格遵守有关安全生产的法律法规，未发生生产安全事故的，安全生产许可证有效期届满时，经原安全生产许可证颁发管理机关同意，不再审查，安全生产许可证有效期延期（ ）年。

A．1 B．2 C．3 D．6

141．《建筑施工安全检查标准》（JGJ 59—99）是（ ）。

A．推荐性行业标准 B．强制性行业标准

C．推荐性国家标准 D．强制性国家标准

142．《施工企业安全生产评价标准》（JGJ/T 77—2003）是一部（ ）。

A．推荐性行业标准 B．强制性行业标准

C．推荐性国家标准 D．强制性国家标准

143．国务院令第 397 号（ ）中规定，依法进行安全评价是企业取得安全生产许可证应当具备的条件之一。

A.《建筑法》

B.《建筑企业安全生产评价标准》

C.《安全生产许可证条例》

D.《建设工程安全生产管理条例》

144. 建筑施工企业在编制施工组织设计时，应当根据（　）制定相应的安全技术措施。

A. 建筑工程的特点　　B. 建设单位的要求

C. 本单位的特点　　D. 主管部门的要求

145. 食堂炊管人员（包括合同工、临时工）应按有关规定（　）。

A. 进行健康检查并取得健康合格证

B. 进行卫生知识培训并取得培训证

C. 进行健康检查和卫生知识培训

D. 进行健康检查和卫生知识培训并取得健康合格证和培训证

146. 建筑施工企业（　）为从事危险作业的职工办理意外伤害保险，支付保险费。

A. 可以　B. 必须　C. 不必　D. 自行决定是否

147. 使用附着式升降脚手架必须按规定由（　），并与施工单位在使用前进行验收，经验收合格签字后，方可作业。

A. 施工单位编制专项施工组织设计，施工单位分管负责人审批签字

B. 产权单位编制专项施工组织设计，产权单位分管负责人审批签字

C. 产权单位编制专项施工组织设计，施工单位分管负责人审批签字

D. 施工单位编制专项施工组织设计，产权单位分管负责人审批签字

148. 房屋拆除应当由具备保证安全条件的建筑施工单位承担，（　）应对安全负责。

A. 建筑施工单位负责人　　B. 专职安全生产管理人员

C. 项目经理　　D. 建设单位负责人

149. 施工中发生事故时，（　）应当采取紧急措施减少人员伤亡和事故损失，并按照国家有关规定及时向有关部门报告。

A. 建设单位　　B. 监理单位

C. 相关责任人员　　D. 建筑施工企业

150. 施工总承包的，建筑工程（　）的施工必须由总承包单位自行完成。

A. 地基基础工程　　B. 主体结构

C. 装修工程　　D. 一半以上工程量

151. 建筑施工企业必须为从事危险作业的职工办理意外伤害保险，保险费由（　）支付。

A. 建筑施工企业　　B. 职工

C. 建筑施工企业和职工　　D. 保险公司

152. 建筑活动应当确保（　）。

A. 经济性　　B. 建筑工程质量和安全

C. 技术先进　　D. 有利于推动当地经济发展

153. 有下列情形之一的，（　）应当按照国家有关规定办理申请批准手续。

（一）需要临时占用规划批准范围以外场地的；

（二）可能损坏道路、管线、电力、邮电通信等公共设施的；

（三）需要临时停水、停电、中断道路交通的；

（四）需要进行爆破作业的；

（五）法律、法规规定需要办理报批手续的其他情形。

A. 建设单位　　B. 监理单位

C．建筑施工企业　　　　D．设计单位

154．施工单位应当建立、健全教育培训制度，加强对职工的教育培训；未经教育培训或者考核不合格的人员，（　）。

A．不得上岗作业　　　　B．边上岗边培训

C．可以上岗作业　　　　D．罚款后上岗

155．为了加强建设工程安全生产监督管理，保障人民群众生命和财产安全，根据（　）、《中华人民共和国安全生产法》，制定《建设工程安全生产管理条例》。

A.《中华人民共和国建筑法》　　B.《建设工程质量管理条例》

C.《中华人民共和国合同法》　　D.《中华人民共和国产品质量法》

156．根据《建设工程安全生产管理条例》，采用新结构、新材料、新工艺的建设工程和特殊结构的建设工程，设计单位应当在设计中提出（　）。

A．施工安全操作设计费用

B．设计安全操作的人工费

C．保障施工作业人员安全和预防生产安全事故的措施建议

D．施工安全操作设计费用和人工费

157．根据《建设工程安全生产管理条例》，施工单位应当设立（　），配备专职安全生产管理人员。

A．安全生产管理机构　　B．质量监督机构

C．生产综合（含安全）机构　　D．资金保障机构

158．根据《建设工程安全生产管理条例》，总承包应当自行完成建设工程（　）的施工。

A．整体结构　　B．主要结构

C．所有结构　　D．主体结构

159．根据《建设工程安全生产管理条例》，总承包单位依法将建设工程分包给其他单位的，分包合同中应当明确各自的安全生产方面的权利、义务。总承包单位和分包单位对分包工程的安全生产（　）。

A．不承担责任　　B．承担连带责任

C．不承担连带责任　　D．承担责任

160．根据《建设工程安全生产管理条例》，分包单位应当服从总承包单位的安全生产管理，分包单位不服从管理导致生产安全事故的，由分包单位承担（　）。

A．全部责任　　　　B．合同中约定的责任

C．一般责任　　　　D．主要责任

161．根据《建设工程安全生产管理条例》，意外伤害保险费由施工单位支付。实行施工总承包的，由总承包单位支付意外伤害保险费。意外伤害保险期限自（　）。

A．建设开工之日起至有意外伤害发生

B．有意外伤害发生起至竣工验收合格

C．开工令下达起至竣工

D．建设工程开发之日起至竣工验收合格

162．根据《建设工程安全生产管理条例》，（　）应当制定本单位生产安全事故应急救援预案，建立应急救援组织或者配备应急救援人员，配备必要的应急救援器材、设备，并定期组织演练。

A．建设单位　　B．施工单位

C. 监理单位　　　　　　　　　　　D. 设计单位

163. 违反《建设工程安全生产管理条例》的规定，为建设工程提供机械设备和配件的单位，未按照安全施工的要求配备齐全有效的保险、限位等安全设施和装置的，责令限期改正，处合同价款（　）的罚款；造成损失的，依法承担赔偿责任。

A. 1倍以上5倍以下　　　　　　　　B. 3倍以上5倍以下

C. 1倍以上3倍以下　　　　　　　　D. 2倍以上5倍以下

164. 违反《建设工程安全生产管理条例》的规定，出租单位出租未经安全性能检测或者经检测不合格的机械设备和施工机具及配件的，责令停业整顿，并处（　）的罚款；造成损失的，依法承担赔偿责任。

A. 1万元以上5万元以下　　　　　　B. 5万元以上10万元以下

C. 1万元以上10万元以下　　　　　D. 10万元以上20万元以下

165. 违反《建设工程安全生产管理条例》的规定，施工起重机械和整体提升脚手架、模板等自升式架设设施安装、拆卸单位未由专业技术人员现场监督的，责令限期改正，处（　）的罚款；情节严重的，责令停业整顿，降低资质等级，直至吊销资质证书；造成损失的，依法承担赔偿责任。

A. 1万元以上5万元以下　　　　　　B. 5万元以上10万元以下

C. 1万元以上10万元以下　　　　　D. 10万元以上20万元以下

166. 违反《建设工程安全生产管理条例》的规定，施工单位挪用列入建设工程概算的安全生产作业环境及安全施工措施所需费用的，责令限期改正，处以挪用费用（　）的罚款；造成损失的，依法承担赔偿责任。

A. 10%以上50%以下　　　　B. 20%以上50%以下

C. 10%以上20%以下　　　　D. 30%以上50%以下

167.《建设工程安全生产管理条例》规定，施工单位未根据不同施工阶段的周围环境及季节、气候的变化，在施工现场采取相应的安全施工措施，或者在城市市区内的建设工程的施工现场未实行封闭转挡的，责令限期改正；逾期未改正的，责令停业整顿，并处（　）的罚款；造成重大安全事故，构成犯罪的，对直接责任人员，依照刑法有关规定追究刑事责任。

A. 1万元以上5万元以下　　　　　　B. 5万元以上10万元以下

C. 10万元以上50万元以下　　　　　D. 20万元以上50万元以下

168.《建设工程安全生产管理条例》规定，施工单位的主要负责人、项目负责人未履行安全生产管理职责的，责令限期改正；逾期未改正的，责令施工单位停业整顿；造成重大安全事故、重大伤亡事故或者其他严重后果，构成犯罪的，依照刑法有关规定追究（　）。

A. 民事责任　　　　　　B. 行政责任

C. 刑事责任　　　　　　D. 赔偿责任

169. 根据《建设工程安全生产管理条例》，施工单位取得资质证书后，降低安全生产条件的，责令限期改正；经整改仍未达到与其资质等级相适应的安全生产条件的，责令停业整顿，（　）。

A. 暂扣资质证书

B. 罚款

C. 降低其资质等级直至吊销营业执照

D. 降低其资质等级直至吊销资质证书

170. 当基坑施工深度达到（　）时，对坑边作业已构成危险，按照高处作业和临边作业的规定，应搭设临边防护设施。

A. 1 m　B. 2 m　C. 3 m　D. 4 m

171. 在深基坑工程发生的事故中，由于设计不当造成的事故大约将近（ ），既有方案选择问题，也有设计计算错误，更多的是由于设计经验不足而造成各种失误。

A. 1/4　B. 1/3　C. 1/2　D. 9/10

172. 根据《建设工程安全生产管理条例》，安全警示标志必须符合（ ）。

A. 国家标准　B. 行业标准

C. 企业标准　D. 地方标准

173. 意外伤害保险费由（ ）支付。

A. 建设单位　B. 责任单位

C. 施工单位　D. 监理单位

174. 模板支架的拆除应按规定程序进行，（ ）。

A. 先支的后拆，先拆非承重部分，后拆承重部分。拆除大跨度梁支架时，先从跨中开始向两端对称进行

B. 先支的先拆，先拆非承重部分，后拆承重部分。拆除大跨度梁支架时，先从跨中开始向两端对称进行

C. 先支的后拆，先拆承重部分，后拆非承重部分。拆除大跨度梁支架时，先从跨中开始向两端对称进行

D. 先支的后拆，先拆非承重部分，后拆承重部分。拆除大跨度梁支架时，先从两端开始向跨中对称进行

175. 安全生产许可证有效期满未办理延期手续，继续进行生产的，责令停止生产，限期补办延期手续，没收违法所得，并处（ ）的罚款；逾期仍不办理延期手续，继续进行生产的，依照《建设工程安全生产管理条例》第十九条的规定处罚。

A. 5 万元以上 7 万元以下　B. 5 万元以上 10 万元以下

C. 1 万元以上 5 万元以下　D. 3 万元以上 10 万元以下

176. 生产经营单位应当具备的安全生产条件所必需的资金投入，由生产经营单位的决策机构、（ ），并对由于安全生产所必需的资金投入不足导致的后果承担责任。

A. 主要负责人或者个人经营的投资人予以保证

B. 相关负责人或者集体经营的投资人予以保证

C. 相关负责人或者个人经营的投资人予以保证

D. 主要负责人或者集体经营的投资人予以保证

177.（ ）为：死亡 3 人以上 9 人以下；重伤 20 人以上或直接经济损失 30 万元以上，不满 100 万元的。

A. 一级重大事故　B. 二级重大事故

C. 三级重大事故　D. 四级重大事故

178. 物料提升机卷扬机安全要求：固定卷扬机的锚桩应牢固可靠，（ ），卷扬机的前方应打入两根立柱以防止其受力后转动。

A. 可以用树木代替　B. 可以用电杆代替

C. 不得以树木、电杆代替　D. 可以用粗壮的树木代替

179．外用电梯安装或拆卸（ ）。

A．应由安装或拆卸经验的队伍担任

B．应由有资格证书的专业队伍担任，必须听从安全员的指挥

C．应由安装或拆卸经验的队伍担任，并设专人指挥

D．应由有资格证书的专业队伍担任，并设专人指挥

180．大型机械塔吊设备安装单位完成安装工程后，（ ），验收合格后方可办理移交手续。

A．报请主管部门验收　　　　B．报请项目经理部验收

C．报请监理公司验收　　　　D．报请建设单位验收

181．报废后的起重机械设备（ ）。

A．不得再使用或整机转让

B．可以在修理后确保基本性能符合有关使用要求后再使用 2 年

C．可以在修理后确保基本性能符合有关使用要求后再使用 3 年

D．可以在修理后确保基本性能符合有关使用要求后再使用 5 年

182．管理人员和作业人员每年至少进行（ ）安全生产教育培训并考核合格。

A．1 次　B．2 次　C．3 次　D．4 次

183．若安全评分的保证项目缺项，该项为 20 分。则该保证项目应得分为（ ）分。

A．20　B．40　C．60　D．100

184．电弧烧伤是指：电弧由高压导线跳至皮肤，瞬间温度可达（ ），造成局部严重烧伤。

A．100～3 000℃　　B．500～10 000℃

C．1 000～20 000℃　　D．2 500～30 000℃

185．施工企业重伤事故隐瞒不报的话，将受到（ ）处罚。

A．按照《安全生产许可证条例》规定，项目负责人将受到建设主管部门处罚

B．按照《安全生产许可证条例》规定，企业主要负责人将受到建设主管部门处罚

C．按照《建筑施工企业安全生产许可证管理规定》规定，企业申请不予受理或者不予颁发安全生产许可证，并给予警告，3 个月内不得申请安全生产许可证

D．按照《建筑施工企业安全生产许可证管理规定》规定，企业申请不予受理或者不予颁发安全生产许可证，并给予警告，1 年内不得申请安全生产许可证

186．国内外一些统计资料指出，触电后（ ）再开始抢救，很少有救活的可能。可见，就地进行及时、正确的抢救，是触电急救成败的关键。

A．3 min　B．5 min　C．12 min　D．20 min

187．每顶安全帽上应有：（ ）。

A．制造厂名称，型号，制造年、月，许可证编号

B．制造厂名称，商标，制造年、月，许可证编号

C．制造厂名称，商标，型号，制造年、月

D．制造厂名称，商标，型号，制造年、月，许可证编号

188．（ ）的特点和止血要点如下：血液色泽鲜红，血流压力大，血流方向由近心端流向远心端。现场止血要用加压止血，即压迫出血部位的近心端，必要时用指压动脉或用弹性止血带止血。

A．动脉出血　B．静脉出血　C．毛细血管出血　D．脏器出血

189．特殊势位烧伤处理是指（ ）等要害部位烧伤的处理。

A．手　B．脚　C．背部　D．头面部、呼吸道

190．企业应建立本企业的应急救援组织或者配备应急救援人员，配备必要的应急器材、设备，并进行演练（　）。

A．演练必须在市政府统一指挥下进行

B．演练必须在安全监督管理部门统一指挥下进行

C．演练必须在建设主管部门统一指挥下进行

D．企业应定期组织演练

191．（　）就是将灭火剂直接喷洒在燃烧物体上，使可燃物质的温度降低到燃点以下，以终止燃烧。

A．窒息灭火方法　　B．抑制灭火法

C．冷却灭火法　　D．隔离灭火法

192．第九届全国人民代表大会常务委员会第二十四次会议通过决定，批准了（　）公约。

A．第155号　B．第161号　C．第67号　D．第169号

193．《江苏省安全生产监督管理规定》是（　）。

A．法律　　B．地方性法规

C．地方政府规章　　D．行政法规

194．命令性规范属于（　）。

A．任意性规范　　B．强制性规范

C．制裁性规范　　D．保护性规范

195．《行政处罚法》规定的追诉时效为（　）。

A．2年　B．3年　C．4年　D．1年

196．挪用安全措施费处挪用费用的（　）。

A．10%以上，30%以下罚款　　B．10%以上，40%以下罚款

B．20%以上，40%以下罚款　　D．20%以上，50%以下罚款

197．违宪责任的主体可以是（　）。

A．建筑业企业　　B．建筑业企业主要负责人

C．建筑业企业项目经理　　D．国务院部委机关

198．实施行政处罚的主体是（　）。

A．人民法院　　B．国家权力机关

C．国家司法机关　　D．具有法定职权的行政主体

199．民事责任的责任方式（　）。

A．全部是财产方式　　B．主要是财产方式

C．不可以限制人身自由　　D．不可以没收财产

200．违约责任属于（　）。

A．民事责任　　B．行政责任

C．刑事责任　　D．A和C均正确

201．（　）开始实施《江苏省建筑施工起重机械设备安全监督管理规定》。

A．2004年3月1日　　B．2004年4月1日

C．2004年5月1日　　D．2004年6月1日

202.（ ）开始实施《江苏省建筑施工安全事故应急救援预案管理规定》。

A. 2004 年 3 月 1 日　　B. 2004 年 4 月 1 日

C. 2004 年 5 月 1 日　　D. 2004 年 6 月 1 日

203. 行政法规和省级地方性法规的法律效力关系为（ ）。

A. 没有关系　　B. 两者法律效力相同

C. 前者的法律效力高于后者　　D. 前者的法律效力低于后者

204. 行政处罚的管辖是指（ ）对违法案件实施行政处罚的权限分工。

A. 企业之间　　B. 行政机关之间

C. 行政机关与事业单位之间　　D. 行政事业单位之间

205. 施工现场的安全生产教育培训主要是指（ ）。

A. 施工现场工人的三级教育

B. 安全管理人员的继续教育

C. 特殊作业人员的安全教育培训

D. 全员安全生产教育培训

206. 项目安全保证计划应在项目开工前编制，经（ ）批准后实施。

A. 项目经理　　B. 项目技术负责人　　C. 安全员　　D. 施工员

207. 项目经理部应保存（ ）确认的安全技术交底记录。

A. 交底双方签字　　B. 被交底人　　C. 交底人　　D. 项目经理

208. 承发包方合同中的安全生产管理职责和指标（ ）。

A. 必须由承包方制定

B. 发包企业应在企业管理目标中确认

C. 由承包方制定，发包企业督促检查

D. 由承包方制定，发包企业备案

209. 不定期检查是指（ ）。

A. 针对特种作业、特种设备、特种场所进行的检查

B. 在设备装置试运行检查、设备开工前和停工前的检查、检修检查等

C. 根据季节特点，为保障安全生产的特殊要求所进行的检查

D. 节前的安全生产检查，节后的遵章守纪检查

210. 以下不属于安全生产资料的基本内容的是（ ）。

A. 开工准备及竣工资料

B. 安全组织和安全生产责任制

C. 施工组织设计方案及审批和验收

D. 分部分项安全技术交底

211. 文明施工检查按照“文明安全工地”的八个方面打分表进行打分，工程项目经理部每（ ）天进行一次检查，公司每月进行（ ）次检查。

A. 10，1

B. 10，2

C. 15，1

D. 15，2

212．保卫消防管理资料不包括（ ）。

A．明火作业记录

B．消防设施、器材维修验收记录

C．消防设施、器材维修验收记录

D．消防保卫自检、年检记录

213．机械安全资料包括（ ）。

A．电气设备测试、调试记录

B．脚手架的组装、升、降验收手续

C．设备出租单位、起重设备安拆单位等的资质资料及复印件

D．高大、异型脚手架施工方案

214．机械安全资料包括（ ）。

A．电气设备测试、调试记录

B．脚手架的组装、升、降验收手续

C．设备出租单位、起重设备安拆单位等的资质资料及复印件

D．高大、异型脚手架施工方案

三、多选题（以下各题的备选答案中有两个或两个以上最符合题意，请将它们选出，多选、少选及错选均不得分）

1．专职安全管理人员应对如下行为负责（ ）。

A．所在单位如安全生产工作长期存在严重问题，既没有提出意见，又没有向上级汇报，因而发生了事故的

B．发生事故不及时上报或隐瞒不报的

C．在安全检查工作上不深入不细致，放过了严重事故隐患，而造成了事故的

D．在安全评比工作上，由于掌握的资料不真实，弄虚作假，以至于影响评比工作的

2．不履行安全生产管理职责，可能承担的责任有（ ）。

A．刑事责任　　B．民事责任

C．行政责任　　D．企业规章规定的纪律责任

3．专职安全管理人员的任务有（ ）。

A．参加编制年度安全措施计划和安全操作规程、安全管理制度的制定

B．指导生产班组安全员开展安全工作，做好安全宣传教育和培训

C．协助有关部门人员提出防止事故的措施，并督促按期实现

D．经常对现场、班组的安全进行检查，发现问题，督促及时整改

4．管理的基本原理有（ ）。

A．系统原理　B．激励原理　C．反馈原理　D．封闭原理

5．企业应从（ ）等方面来选拔专职安全生产管理人员。

A．具有强烈的事业心　　B．具有强烈责任感

C．具有丰富的专业知识和理论水平　　D．具有良好的身体体魄

6．（ ）等特种作业人员，必须按照国家有关规定经过专门的安全作业培训，并取得特种作业操作资格证书后，方可上岗作业。

A. 垂直运输机械作业人员　　　　B. 安装拆卸工
C. 爆破作业人员　　　　D. 起重信号工

7. 使用承租的机械设备和施工机具及配件的，由（　）共同进行验收。
A. 施工总承包单位　　　　B. 建设单位
C. 分包单位　　　　D. 出租单位

8. 力的三要素为（　）。
A. 力的大小　　　　B. 力的方向
C. 力的单位　　　　D. 力的范围

9. 导电能力较好的物体叫导体，所有金属都是导体，（　）等也都是导体。
A. 大地　B. 人体　C. 石墨　D. 竹竿

10. 常用的绝缘材料有（　）等。
A. 橡胶　B. 塑料　C. 云母　D. 纸

11. 当绝缘材料（　）会失去绝缘能力而导电，即为绝缘击穿。
A. 受潮　B. 承受过低温　C. 承受过高温　D. 承受过低压

12. 各国进行事故调查分析的结论认为，事故的原因都与（　）有着密切关系。
A. 不安全行为　　　　B. 不安全动作
C. 不同的年龄　　　　D. 不同的地区

13. 事故发生前的心理状态有（　）。
A. 侥幸心理　　　　B. 冒险行为
C. 思想麻痹　　　　D. 技术不熟练

14. 事故发生后的错误心理状态有（　）。
A. 事故难免心理　　　　B. 出现害怕心理
C. 出现怕负责的心理　　　　D. 出现自满侥幸心理

15. 防止疲劳的措施有（　）。
A. 强调劳逸结合的工作方式
B. 改变一下姿势、消除局部的疲劳
C. 改进作业环境和条件，使人舒适
D. 根据疲劳的不同程度，采取不同的措施消除

16. 对于企业职工的安全教育可采用（　）等。
A. 讲授法　B. 谈话法　C. 访问法　D. 练习和复习法

17. 对工作环境的设计，应特别注意（　）等。
A. 工作场所　　　　B. 通风、气象条件
C. 照明、颜色　　　　D. 噪声、振动

18. PDCA 循环包括（　）。
A. 制订计划阶段　　　　B. 实施阶段
C. 检查阶段　　　　D. 评比阶段

19. ABC 法的分析步骤为（　）。
A. 收集安全数据　　　　B. 统计汇总安全数据
C. 制作 ABC 分析表　　　　D. 绘制 ABC 分析图

20．精神安全文化是指企业全体职工的（ ）等，又称为企业安全文化的“软件”，是企业安全文化的内在本质和深层结构。

A．安全认识　　B．安全思维

C．安全价值观　　D．安全道德规范

21．施工组织设计和安全技术措施（方案）（ ）。

A．由施工单位的专业工程技术人员编制

B．施工单位的技术和安全等部门的专业人员以及工程监理单位的监理工程师根据各自的职能进行审核

C．由施工单位技术负责人、监理单位总监理工程师批核签字后实施

D．施工单位的专职安全生产管理人员进行现场监督检查

22．危险性较大的作业行为必须列入危险作业管理范围（ ）。

A．作业前，必须办理作业申请

B．作业时，办理作业申请

C．明确安全监控人，实施监控

D．监控时，必须有监控记录

23．从近年来发生的重大安全事故的分析来看，多数工程项目在施工组织设计上存在着严重问题（ ）。

A．未编制施工组织设计

B．未按照工程建设强错性标准进行施工组织设计

C．编制的施工组织设计中未制定安全技术措施或专项施工方案

D．制定的安全技术措施或方案缺乏针对性

24．施工组织设计（方案）分级编制的具体内容。编制和审批的时限、权限等具体规定有（ ）。

A．施工组织设计（方案）必须有针对工程危险源而编制的安全技术措施

B．安全技术措施要针对工程特点、施工工艺、作业条件以及施工人员的素质等情况进行制定

C．对工程中各种危险源制定出具体的防护措施和作业安全注意事项

D．组织设计、（方案）审核和审批人应有明确意见并签名，职能部门盖章

25．施工生产安全管理程序为（ ）。

A．确定施工安全目标

B．编制项目安全保证计划和生产安全事故防范措施和应急救援预案

C．项目安全计划实施

D．项目安全保证计划验证和持续改进

26．安全技术交底的主要内容除了“作业人员发现事故隐患应采取的措施和发生事故后应及时采取的躲避和急救措施”外，还应包括（ ）等内容。

A．工程项目和分部工程的概况

B．工程项目和分部分项工程的危险部位

C．危险部位采取的具体预防措施

D．作业中应注意的安全事项

27．安全生产检查内容主要除“查思想、查制度、查安全教育培训”外，还应包括（ ）等。

A．查机械设备　　B．查安全设施　　C．查劳保用品使用　　D．查操作行为

28．企业安全生产检查的方式有（　）。

A．企业或项目部定期组织的安全检查

B．各级管理人员的日常巡回检查、专业安全检查

C．季节性和节假日安全检查

D．班组自我检查、交接检查

29．在江苏省行政区域内，从事建筑施工起重机械设备的安装、拆卸以及（　）活动的应当接受建设行政主管部门依法进行的监督管理。

A．购置　B．租赁　C．使用　D．维修

30．起重机械设备的产权单位应当建立起重机械设备安全技术档案。其中原始资料，包括使用维修及安装说明书、（　）等。

A．购销合同　　　　B．出厂检验报告

C．许可生产证明　　D．产品质量合格证

31．起重机械设备的产权单位应当建立起重机械设备安全技术档案。其中设备履历书，包括运转时间记录、日常使用状况记录、（　）等。

A．历次大修理

B．改造记录

C．安全保护装置调试记录及日常维护保养记录

D．定期检验和定期自行检查记录

32．起重机械设备安装技术档案应当包括下列文件（　）。

A．安装或者拆卸合同　　B．专项安全施工方案和技术措施

C．安装验收资料　　　　D．检测资料

33．租赁双方在签订起重机械设备租赁合同时，应当明确各自在（　）方面的责任。

A．安全　B．使用　C．安装　D．拆卸

34．施工物料器具应根据不同特点和性质，规范布置方式与要求，执行（　）等管理标准。

A．码放整齐　　B．限宽限高

C．上架入箱　　D．规格分类

35．影响职工自我防护能力的因素有（　）。

A．安全意识的强弱

B．安全技术操作的熟练程度和实践经验的多寡

C．心理状态的自我调节、控制能力

D．身体疲劳的程度

36．提高职工自我防护能力的途径有（　）。

A．加强企业领导人、工地承包负责人、工长和工人的安全系统培训

B．对职工认真进行岗前和施工中的安全技术操作规程的培训和检查

C．从严管理好施工现场，要有完善的制度和铁的纪律

D．提高专职安全人员的知识水平，把好安全关；重点搞好高空作业人员、特种作业人员的自我安全防护

37．凡铺设脚手板的作业层架子外侧必须设两道护栏和一道挡脚板。两道护栏和一道挡脚板的高度分别为（　）。

A. 护栏高度为 1.2 m 和 0.6 m

B. 护栏高度为 1.8 m 和 1.2 m

C. 挡脚板不低于 18 cm

D. 护栏高度为 2 m 和 1.8 m

38. 对于土质边坡或易于软化的岩质边坡，在开挖时可采取必要的排水和坡面、坡脚保护措施，如（ ）等。

A. 水泥砂浆抹面

B. 堆砌砂土袋护坡

C. 铺设抗拉

D. 防水土工布护坡

39. 基坑开挖前应编制监测方案，主要包括（ ）等。

A. 监测内容和方法

B. 观测精度

C. 测点布置

D. 观测周期

40. 超常规混凝土水平构件模板支撑时，（ ）与建筑物的可靠连接等应一一到位，并加强施工过程的中间检查，保证模板支撑的安装质量，从而确保施工安全和结构安全。

A. 纵横向水平支撑

B. 扫地杆

C. 满堂支撑中的水平剪刀撑

D. 满堂支撑中的纵向剪刀撑

41. 每顶安全帽上，都应有以下永久性标记（ ）。

A. 制造厂名称及商标、型号

B. 制造年月

C. 生产许可证编号

D. 帽的重量

42. 事故是一种意外事件，概括起来，事故主要有（ ）。

A. 因果性

B. 随机性

C. 潜伏性

D. 可预防性

43. 建筑施工安全事故应急救援预案应包括如下内容（ ）。

A. 建设工程的基本情况

B. 建筑施工项目经理部基本情况

C. 施工现场安全事故救护组织

D. 救援器材、设备的配备

44. 事故按伤害程度分为（ ）。

A. 轻伤

B. 重伤

C. 重大伤亡

D. 死亡

45. 建筑业生产安全事故定为四级，分别为（ ）。

A. 一级重大事故，死亡 30 人以上或直接经济损失 300 万元以上的

B. 二级重大事故，死亡 10 人以上 29 人以下或直接经济损失 100 万元以上不满 300 万元的

C. 三级重大事故，死亡 3 人以上 9 人以下；重伤 20 人以上或直接经济损失 30 万元以上，不满 100 万元的

D. 四级重大事故，死亡 2 人以下；重伤 3 人以上 19 人以下或直接经济损失 10 万元以上，不满 30

万元的

46. 烧伤包括（ ）。

A. 普通烧伤

B. 热烧伤

C. 化学烧伤

D. 电烧伤

47. 出血可分为（ ）。

A. 动脉出血

B. 静脉出血

C. 毛细血管出血

D. 脏器出血

48. 边坡塌方的防治措施主要有（ ）。

A. 开挖基坑（槽）时，若因场地限制不能放坡或放坡后所增加的土方量太大，为防止边坡塌方。可采用设置挡土支撑的方法

B. 严格控制护道内的静荷载或较大的动荷载

C. 防止地表水流入坑槽内和渗入土坡体

D. 对开挖深度大、施工时间长、坑边要停放机械等，应按规定的允许坡度适当的放平缓些，当基坑（槽）附近有主要建筑物时，基坑边坡的最大坡度为 1∶1～1∶1.5

49. 采用集水坑降水时，应符合以下规定（ ）。

A. 根据现场条件，应能保持开挖、边坡的稳定

B. 集水坑应与基础底边有一定距离

C. 降水前应考虑降水影响范围内的已有建筑物和构筑物可能产生附加沉降、位移

D. 定期进行沉降和水位观测并作好记录。发现问题，采取措施

50. 根据理论分析，实践经验总结与土工试验得知，当土具有下列性质，就有可能发生流沙现象（ ）。

A. 土的颗粒组成中，粘土颗粒含量小于 15%，粉粒（粒径为 0.005～0.05 m）含量大于 75%

B. 颗粒级配中，土的不均匀系数小于 5

C. 土的天然孔隙比大于 0.75

D. 土的天然含水量大于 25%

51. 下列属于流沙的防治措施的有（ ）。

A. 枯水期施工

B. 水下挖土法

C. 地下连续墙法

D. 人工降低地下水位方法

52. 下列选项属于人工挖孔桩开工前的准备工作的有（ ）。

A. 平整场地，做到场地平整不积水，并做到水通、电通、道路通

B. 熟悉了解现场情况、设计图纸及承包合同的要求之后，编制人工挖孔桩施工方案，其施工方案首先要保证安全施工，要有全面的安全技术措施

C. 成立专门的施工指挥组，由土建工程负责人与挖孔专业技术人员共同负责指挥施工，管理生产与安全技术工作

D. 按施工方案要求配备齐挖孔施工机具、模板、通风机、水泵、照明和动力电器以及土建钢筋混凝土工程的施工机具等

53. 脚手架的作用主要有（ ）。

A. 能满足施工操作所需要的运料和堆料，且方便操作

B. 使操作不致影响工效和产品的质量

C. 要保证作业能连续的施工

D. 对高处作业人员能起防护作用，以确保施工人员的人身安全

54. 脚手架的基本要求主要有（ ）。

A. 要有足够的操作面，满足材料堆放、运输和工人操作的要求

B. 施工作业期间在各种荷载和气候条件的作用下，保证坚固、不变形、不摇晃、不倾斜、稳定

C. 搭拆简单，搬移方便，能多次周转使用

D. 因地制宜，就地取材，节约材料

55. 扣件的基本形式主要有（ ）。

A. 直角扣件

B. 旋转扣件

C. 对接扣件

D. 连接扣件

56. 下列属于扣件式钢管插口架子的基本部分是（ ）。

A. 立管

B. 小横管

C. 别管

D. 穿墙钩

57. 里脚手架包括（ ）。

A. 多立杆式满堂脚手架

B. 马凳式里脚手架

C. 钢管三角架升降式里脚手架

D. 扣件式钢管插口架

58. 承插式钢管支柱，架设高度为（ ）。

A. 1.2 m

B. 1.5 m

C. 1.6 m

D. 1.9 m

59. 特殊部位脚手架的处理包括（ ）。

A. 过门洞的处理

B. 过窗洞的处理

C. 建筑物凸出部位脚手架的处理

D. 建筑物凹出部位脚手架的处理

60. 脚手架的使用措施包括（ ）。

A. 设置供操作人员使用的安全扶梯、爬梯或斜道

B．搭设完毕后进行检查验收，经检查合格后才准使用

C．严格控制各式脚手架的施工使用荷载

D．遇有7级以上的大风、大雾、大雨和大雪天气暂停脚手架作业

61．脚手架的验收内容包括（　）。

A．架子的布置：立杆、大小横杆间距

B．架子的搭设和装组，包括工具架和起重点的选择

C．连墙点或与结构固定部分是否安全可靠；剪刀撑、斜撑是否符合要求

D．架子的安全防护：安全保险装置是否有效；扣件和绑扎拧紧程度是否符合规定

62．下列关于脚手架的拆除，正确的是（　）。

A．脚手架拆除时应划分作业区，周围设绳绑围栏或竖立警戒标志；地面应设专人指挥，禁止非作业人员入内

B．拆脚手架的高处作业人员应戴安全帽、系安全带、扎裹脚、穿软底鞋才允许上架作业

C．拆除顺序应遵守由上而下，先搭后拆、后搭先拆的原则。但可上下同时进行拆除作业

D．连墙杆应随拆除进度逐层拆除，拆抛撑前，应用临时支撑住，然后才能拆抛撑

63．模板施工的安全技术主要有（　）。

A．模板结构设计计算书的荷载取值，是否符合工程实际，计算方法是否正确

B．审核手续是否齐全

C．模板设计图包括结构构件大样图及支撑体系，连接等的设计是否安全合理，图纸是否齐全

D．模板设计中安全措施是否齐全

64．保证模板工程施工安全的基本要求主要有（　）。

A．模板工程作业在2 m和2 m以上时，要根据高空处作业安全技术规范的要求进行操作和防护，要有安全可靠的操作架子

B．在5 m以上或2层及2层以上操作时周围应设安全网、防护栏杆

C．在临街的交通要道地区施工时设警示牌，避免伤及行人

D．高处支模工人所用工具不用时要放在工具袋内，不能随意将工具、模板零件放在脚手架上，以免坠落伤人

65．阳台支撑的立柱可采用（　）。

A．从下而上逐层在同一条垂直线上支立柱，拆除时从上而下拆除

B．从下而上逐层在同一条垂直线上支立柱，拆除时从下而上拆除

C．阳台留洞

D．窗台留洞

66．下列属于液压滑模的安装要求有（　）。

A．提升前应检查模板是否全部脱离墙面，内外模板的拉杆螺栓是否全部抽掉

B．滑竿螺栓是否全部达到要求

C．在液压千斤顶或倒链提升过程中，应保持模板平稳上升，模板顶的高低差不超过50 m

D．经常检查撑头是否变形，如变形应立即处理，以防滑架护墙螺栓超负荷发生事故

67．滑架的提升必须在混凝土达到所规定强度后才能提升，提升时应有专人指挥，且必须满足以下要求（　）。

A．大模板的穿墙螺栓均没松动

B. 每个滑架必须挂两个倒链（或两个千斤顶），严禁只用一个倒链（或一个千斤顶）提升

C. 保险钢丝绳必须拴牢，并设专人检查无误

D. 拆除滑架地脚螺栓前，倒链全部调整到工作状态，然后才能拆除附墙螺栓

68. 提升大模板时，其相对模板只能单块提升，严禁两块大模板同时提升，并且注意（ ）。

A. 大模板必须在悬空的情况下，穿墙螺栓全部拆除

B. 保险钢丝绳必须拴牢，并有专人检查

C. 用多个倒链提升时，应先将各倒链调整到工作状态，方可拆除穿墙螺栓

D. 大模板的穿墙螺栓均没松动

69. 飞模（台模）的安装要求有（ ）。

A. 支模前，先在楼、地面按布置图弹出各飞模边线，以控制飞模位置，然后将组装好的竹筒子模套上，这时再将飞模吊装就位

B. 飞模校正。标高用千斤顶配合调整，并在每根立柱下用砖墩和木楔垫起或用可调钢管套管

C. 当有柱帽时，应制作整体斗模，斗模下口支撑在柱子筒模上，上口用U形卡与飞模相连接

D. 当有柱帽时，应制作整体斗模，斗模下口支撑在柱子筒模上，上口用L形卡与飞模相连接

70. 下列属于飞模安装注意事项的是（ ）。

A. 飞模必须经过设计计算，保证能承受全部施工荷载，并在反复周转使用时能满足强度、刚度和稳定性的要求

B. 堆放场地应平整坚实，严防下沉引起飞模架扭曲变形

C. 高而窄的飞模架宜加设连杆互相牵牢，防止失稳倾倒

D. 装车运输过程中，应将飞模与车辆系牢，严防运输中飞模互相碰撞和倾倒

71. 大模板的堆放和安装（ ）。

A. 平模存放时，必须满足地区条件要求的自稳角

B. 大模板起吊前，应将吊车位置调整适当，并检查吊装用绳索、卡具及每块模板上的吊环是否牢固可靠，再将吊钩挂好，拆除一切临时支撑，稳起稳吊，禁止用人力搬动模板。吊安过程中，严禁模板大幅度摆动或碰撞其他物件或模板

C. 大模板安装时，先内后外，单面模板就位后，用钢筋三角支架插入面板螺栓眼上支撑牢固

D. 里外角模和临时摘挂的面板与大模板必须连接牢固，防止脱开和断裂坠落

72. 大模板安装使用注意事项主要是（ ）。

A. 大模板放置时，下面不得有电线和气焊管线

B. 平模叠放运输时，垫木必须上下对齐，绑扎牢固，车上严禁坐人

C. 大模板组装货拆除时，指挥、拆除和挂钩人员，必须站在安全可靠的地方才可操作，严禁任何人员随大模板起吊，安装外模板的操作人员应系安全带

D. 大模板必须设有操作平台、上下梯道、防护栏杆等附属设施

73. 模板拆除的一般要求有（ ）。

A. 拆除时应严格遵守拆模作业要点的规定

B. 高处、复杂结构模块的拆除，应有专人指挥和切实的安全措施，并在下面标出工作区，严禁非操作人员进入作业区

C. 工作前事先检查所使用的工具是否牢固，扳手等工具必须用绳链系挂在身上，工作时思想要集中，防止钉子扎脚或从空中滑落

D．遇 5 级以上大风时，应暂停室外高空作业。有雨、雪、霜时应先清扫施工现场，不滑时再进行工作

74．滑动模块的拆除要注意（ ）。

A．拆除中使用的垂直运输设备和机具，必须经检查合格后才准使用

B．当拆除工作利用施工的结构作为支撑点时，对结构混凝土强度的要求应经结构验算确定，且不低于 25MPa

C．滑模装置拆除前应检查各支撑点埋设件牢固情况，以及作业人员上下走道是否安全可靠

D．当遇雷、雨、雾、雪或风力达到 6 级或 6 级以上的天气时，不准进行滑模拆除作业

75．飞模（台模）的拆除要注意（ ）。

A．拆飞模必须有专人统一指挥，升降飞模同步进行

B．当不采用专用的悬挑起飞平台时，结构边缘的地滚轮一定要比里边高出 1～3 cm，以免飞模自动滑出。并将飞模的重心不能到达外沿第一轮，以免飞模外倾

C．飞模尾部要绑安全绳，安全绳的一端套在施工结构坚固的物体上，慢慢放松

D．飞模推出后，模层外边缘立即绑扎好护身栏杆，飞模每使用一次，必须逐个检查螺栓，发现有松动现象，立即拧紧

76．钢筋的使用要求有（ ）。

A．钢筋的交叉点应采用铁丝绑扎，并应按规定垫好保护层

B．展开圆盘钢筋时，两端要卡牢，以防回弹伤人

C．拉直钢筋时，地锚要牢固，卡头要卡紧，并在 3 m 区域内严禁行人

D．人工短料时，工具必须牢固，并注意打锤区域内不得站人。切断小于 200 mm 长的短钢筋，应用钳子夹牢，严禁手扶

77．机械搅拌安全生产要点有（ ）。

A．机械操作人员，必须经过安全技术培训，经考试合格，持有“安全作业证”者，才能独立操作

B．工作前，必须对机械的电气部分、防护装置、离合器、操作台等进行检查，并经试车，确定机械运转正常后，方能正式作业

C．起吊爬斗前，必须发出信号示警，通知各方作业人员，爬斗提升后，严禁有人在斗下站立和通行

D．爬斗进入料仓前，应发出信号通知仓内作业人员即闪开；进仓检查时，应先停机再进入，操作人员须踏木板作业

78．搅拌机使用注意事项有（ ）。

A．搅拌机应设置在平坦的位置，用方木垫起前后轮轴，将轮胎架空，以免在开机时发生移动

B．停后敲筒清洗洁净，筒内不得有积水

C．电动机应设有开关箱，并应设漏电保护器

D．停机不用或下班后应拉闸断电，并锁好开关箱

79．关于混凝土泵送设备，下列说法正确的是（ ）。

A．混凝土泵送设备的放置，距离机坑不得小于 2 m，悬臂动作范围内，禁止有任何障碍物和输电线路

B．管道敷设沿线路应接近直线，少弯曲；管道与管道支撑必须紧固可靠；管道的接头应密封，“Y”形管道应装接锥形管

C. 风力大于5级时，不得使用混凝土输送悬臂

D. 作业前必须按要求配制水泥砂浆润滑管道，无关人员应离开管道

80. 关于手推车运输，下列说法正确的是（ ）。

A. 用手推车运输混凝土时，用力不能过猛，不准撒把；向坑、槽内倒混凝土时，必须沿坑、槽边设不低于20 cm高的车轮挡装置

B. 推车人员倒料时，要站稳，保持身体平衡，要通知下方人员躲开

C. 在架子上推车运送混凝土时，两车之间必须保持一定距离，并右侧通行，混凝土装车容量不得超过车头容量的3/5

D. 垂直运输采用井架运输时，手推车车把不准伸出笼外，车轮前后应挡牢，并要做到稳起稳落

81. 关于混凝土的振捣器，下列说法正确的是（ ）。

A. 电动内部或外部振捣器在使用前应先对电动机、导线、开关等进行检查，如导线破损绝缘老化、开关不灵、无漏电保护装置等，要禁止使用

B. 电动振捣器须用按钮开关，不得使用插头开关；电动振捣器的扶手，必须套上绝缘胶皮管

C. 搬移振捣器时，应切断电源后进行，否则不准搬、抬或移动

D. 雨天进行作业时，必须将振捣器加以遮盖，避免雨水侵入电机造成漏电伤人

82. 混凝土浇筑注意事项是（ ）。

A. 已浇完的混凝土，应覆盖和浇水，使混凝土在规定的养护期内，始终能保持足够的湿润状态

B. 浇筑混凝土使用的溜槽及串筒节间必须连接牢固。操作部位应设防身栏杆，严禁站在溜槽上操作

C. 浇筑框架、梁、柱的混凝土应设操作台，严禁直接站在模板或支撑上操作，以防踩滑或踏断坠落

D. 禁止在混凝土养护窑（池）边上站立或行走，同时应将窑、洞盖板和地沟孔洞盖牢和盖严，防止失足坠落

83. 砖石砌筑工程的砂浆制备，多使用砂浆搅拌机或混凝土搅拌机。它的使用和维护安全要求（ ）。

A. 安装机械的地方应平整夯实，机械安装要求平稳、牢固

B. 开机前应先检查电气设备的绝缘和接地是否良好，皮带保护罩是否完好

C. 常温施工时，机械应安放在防雨棚内，冬期施工机械应安放在高温棚内

D. 工作时，机械应先启动，待机械运转正常后再加料搅拌，要边加料边加水，若中途停机、停电时，应立即把料卸出；允许中途停机后，重载下启动

84. 砖石级砂浆备料水平、垂直运料时应注意（ ）。

A. 向地槽内运送砖石等材料时，严禁投扔，超过1 m时，应设溜槽，卸料时要通知下面人员躲开

B. 往架子上运料时，每平方米不超过 250 kg，砖垛高度单排不超过四码，在灰槽及水桶前，不准放砖

C. 各种垂直运输用门式架。并字架的吊盘（托盘）都要设置安全装置

D. 放水桶和灰槽时，要顺架子放平稳，不得放在站杆外边

85. 石基础砌筑施工注意事项（ ）。

A. 砌筑基础时，应检查两侧的土质，如有裂缝或倾塌现象时，必须采取加固措施，方可进行砌筑

B. 槽、坑边堆放的毛石、灰桶、灰槽等材料工具，应力槽、坑边 1 m 以上，且不准堆放过多，防止压塌、坑壁

C．基槽内砌石人员，操作间距不得小于 1.5 m

D．基础每砌 1 m 高时，通过质量检查后，及时回填土，并夯实

86．砖砌体工程在操作过程中应注意（ ）。

A．砌墙身高度超过地坪 1.5 m 以上时，应搭设脚手架

B．砌筑一层以上的交叉作业入口时，要搭设防护棚或安全网

C．脚手架上堆料量不能超过规定的荷载量，同一块脚手板上操作人员不能超 2 人

D．砖墙勾缝时，脚手架的跳板不少于 3 块，防护网和防护栏杆必须保持完整有效

87．砌块砌体施工操作前，要对各种起重机据设备、绳索、夹具、临时脚手架以及施工安全设施进行检查后，才能施工，并应做到（ ）。

A．起吊砌块过程中，如发现有破裂且有脱落危险的砌块，严禁起吊

B．安装砌块时，不准站在墙上操作

C．砌块吊装时，其下面不得有人通过操作

D．在楼板上卸砌块时应尽量避免冲击，放置在楼板上的砌块数量，应考虑承载力并采取相应的措施，堆置方法应符合技术安全措施中规定

88．关于留槎施工，下列说法正确的是（ ）。

A．有构造柱时，砖墙应砌成马牙槎，每一马牙槎的高度不大于 300 mm，并沿墙高每 500 mm 设置 4 根 6 mm 水平拉结钢筋，选用整砖砌筑

B．宽度小于 1 m 的窗间墙，应选用整砖砌筑

C．纵横墙均为承重墙时，在丁字交接处，可在下部（约 1/3 接槎高）砌成斜槎，上部留直阳槎并加设拉结筋

D．墙体每天砌筑高度不宜超过 1.8 m，且相邻两个工作段高度差不允许超过一个楼层高度，也不应大于 4 m

89．关于筒拱构造，下列说法正确的是（ ）。

A．砖筒拱适用于跨度 3～3.3 m，高跨比为 1/8 左右的楼盖

B．筒拱厚度一般为半砖厚，砖的强度等级不低于 MU7.5，砂浆强度等级不得低于 M5

C．如房间开间大，中间无内墙时，筒拱可支撑在钢筋混凝土梁上，但梁的两侧应留有斜面，以便拱体从斜面砌起

D．适用活荷载等于或大于 2 000 N/m² 时宜采用砖筒拱

90．关于砖筒拱施工，下列说法正确的是（ ）。

A．筒拱模板尺寸安装的误差，在任何点上的竖向偏差不超过该点拱高的 1/200；拱顶沿跨度方向的水平偏差，不应超过矢高的 1/300

B．拱脚上面 4 皮砖和下面 6～7 皮砖的墙体部分，砂浆强度等级不得低于 M5，且应达到设计强度 50%以上时，方可砌筑筒拱

C．砌筑筒拱时应自两侧同时对称的向拱顶砌筑，且砌拱顶正中间 1 块砖时应在砖两面刮满砂浆轻轻打入塞紧

D．筒拱模板应在保证模向水平推力有可靠抵消措施后，方可拆除，拆移时应先将拱模均匀下降 50～200 mm，检查拱体确属无误后，方可向前移动

91．关于瓦屋面施工，下列说法正确的是（ ）。

A．承重结构采用屋架时，运瓦上屋面要两坡同时进行，脚要踩在椽条或檩条上，不要踩在挂瓦条

中间

B. 运瓦时在已铺瓦上行走时要慢行，不得跑跳，前后运瓦人员间应保持 5 m

C. 屋面较高或坡度大于 30° 及檐口挂瓦时，应绑好安全带

D. 屋面上堆放瓦时，必须放稳，防止下滑滚坡

92. 关于石棉水泥波形瓦屋面，下列说法正确的是（ ）。

A. 石棉水泥瓦分大波、中波和小波三种

B. 石棉水泥波形成瓦面不宜用在常有暴风和积雪较厚的地区，也不宜用于积灰较厚的车间

C. 屋面上的操作人员不宜过多，在波形瓦上行走时，应踩踏在钉位或桁条上边，不应在两桁之间的瓦面上行走

D. 严禁在瓦面上跳动、蹬踢或随意敲打

93. 运输沥青时，应注意（ ）。

A. 装热沥青的桶、壶等工具应用铁皮咬口制成，不能用锡焊，桶、壶应加盖

B. 运送热沥青时，不允许两人抬运，装油不能超过 3/4

C. 垂直提升平台应加设防护栏杆，提升时应拉牵绳，防止油桶摆动，吊运时，油桶下方 20 cm 直径范围内禁止站人

D. 在坡度较大的屋面上运油时，应采取专门安全措施（如穿防滑鞋、设防滑梯、清扫屋面上灰砂等），油桶下面应加垫，放置平稳

94. 铺毡时应注意（ ）。

A. 浇沥青人员与铺毡人员应保持一定距离，避免热沥青飞溅烫伤

B. 浇热沥青时，檐口下方不准有人停留或走动，以免热沥青油滴下伤人

C. 如遇大风或雨天时，应停止铺毡

D. 工人操作时，如感觉头痛或恶心，应立即停止作业，进行治疗。经常从事沥青的工人，应定期进行身体检查

95. 关于室内抹灰，下列说法正确的是（ ）。

A. 室内抹灰使用的马凳，必须搭设平稳牢固，马凳跳板跨度不准超过 2 m，并禁止人员集中站在同一跳板上操作

B. 3 m 以上抹天棚时，应搭设满堂红脚手架，如无条件满铺跳板，可在跳板上满铺安全网

C. 室内脚手架严禁将跳板支搭在水暖管道、暖气片上，不准搭探头板

D. 在室内使用运灰车时，在转弯道处注意不要将车把碰墙而轧手

96. 关于水磨石施工，下列说法正确的是（ ）。

A. 人工磨石时，磨面上应安设手柄，磨至狭窄或拐角的地方，如不能使用带手柄的磨石，需直接持磨石操作时，要防止碰手或灰浆烧手

B. 机械磨制水磨石时，必须使用四芯胶皮绝缘软线

C. 操作机械人员应戴胶皮手套并穿绝缘胶鞋，还要经常检查电源线路，防止潮湿带电

D. 间息或工作完毕应及时切断电源、加锁

97. 关于油漆工程施工，下列说法正确的是（ ）。

A. 施工场地要有良好的通风，若在通风条件不好的场地施工时，必须设置通风设备，才准施工

B. 在喷涂或涂刷对人体有害的涂料和清漆时，要戴上防护口罩，如对眼睛有害，要戴上密闭式眼镜

C. 在喷涂硝基漆或其他易燃、易挥发溶剂稀释涂料时，不准使用明火

D. 心悸或恶心时，应立即离开工地，到通风处吸新鲜空气，若仍不好转，应去医务所治疗

98. 临时用电施工组织设计的内容包括（ ）。

A. 现场勘探

B. 确定电源进钱和变电所、配电室、总配电箱、分配电箱等装设位置及线路走向

C. 负荷计算

D. 选择变压器容量、导线截面积和电器类型、规格

99. 安全检测的内容主要包括（ ）。

A. 临时用电工程检查验收表

B. 电气设备的试验单和调试记录

C. 接地电阻测定记录表

D. 定期检（复）查表

100. 电气设备的接地类别主要包括（ ）。

A. 工作接地

B. 保护接地

C. 重复接地

D. 防雷接地

101. 临时用电的基本保护系统主要包括（ ）。

A. TN 系统

B. TT 系统

C. IT 系统

D. 中性点有效接地系统与中性点非有效接地系统

102. 人身防雷措施主要有（ ）。

A. 雷暴时，在施工现场工作的人员应尽量少在场地逗留；在户外或野外作业时，最好穿塑料等不浸水的雨衣

B. 要进入有宽大金属建筑物的街道或高大树木屏蔽的街道躲避，但要离开墙壁和树木 10 m 以外

C. 雷暴时，在户内应注意雷电侵入波的危险．应离开照明线、动力线、电话线、广播线收音机电源线、收音机和电视机天线及与其相连的各种设备

D. 户内对人体二次放电事故发生在 1 m 以内的约 70%，相距 2 m 以上没发现死亡事故

103. 高层建筑施工期间，应注意采取以下防雷措施（ ）。

A. 由于建筑物的四周有起重机，起重机最上端必须装设避雷针，并应将起重机钢架连接于接地装置上

B. 沿建筑物四角和四边竖起的木、竹架子上，做数根避雷针并接到接地系统上

C. 避雷针针长最小应高出木、竹架子 3.5 m，避雷针之间的间距以 16 m 为宜

D. 建筑工地的井字架、门式架等垂直运输架上，应将一侧的中间立杆接高，高出顶墙 2 m 作为接闭器，并在该立杆下端设置接地线，同时应将卷扬机的金属外壳可靠接地

104. 施工现场配电室的位置选择应符合以下原则（ ）。

A. 配电室应尽量靠近负荷中心，以减少线路的长度和减少导线的截面积，提高配电质量，同时还能使配电线路清晰，便于维护

B．进出线方便，并要便于电气设备的搬运

C．尽量避开多尘、震动、高温、潮湿等场所，以防止尘埃、潮气、高温对配电装置导电部分和绝缘部分的侵蚀，防止震动对配电装置运行的影响

D．尽量设在污染源的上风侧，防止因空气污染引起电气设备绝缘及导电水平降低

105．架空线路的要求主要有（ ）。

A．架空线路必须采用绝缘铜线或绝缘铝线，铝线的截面积大于 16 mm^2，铜线的截面积大于 8 mm^2

B．架空线路严禁架设在树木、脚手架及其他非专用电杆上，且严禁成束架设

C．架空线路的档距不得大于 35 m，线间距不得大于 30 mm

D．架空线的最大弧垂处与地面最小距离（施工现场一般为 4 m，机动车道为 6 m，铁路轨道为 7.5 m）

106．室内配电线一般应满足以下使用安全要求（ ）。

A．导线的线路应减少弯曲；导线绝缘层应符合线路的安全方式和敷设的环境条件

B．导线的额定电压应符合线路的工作电压

C．线路布置尽可能避开热源，应便于检查

D．水平敷设的线路距地面低于 2 m 或垂直敷设的线路距地面低于 1.5 m 的线段，应预防机械损伤

107．电缆线路的要求有（ ）。

A．确定敷设电缆的方式和地点，应以方便安全、经济、可靠为依据

B．电缆直接埋地的深度不小于 0.5 m，并在电缆上下均匀铺设不小于 50 mm 厚的细砂，再覆盖砖等硬质保护层，并在地上插有标志

C．电缆穿过建筑物、构筑物时须设置护管，以免机械损伤

D．电缆架空敷设时，应沿墙壁或电杆设置。严禁用金属裸线作绑线，电缆的最大弧垂距地不小于 2.5 m

108．配电箱和开关箱的装设环境应符合以下要求（ ）。

A．防雨、防尘、干燥、通风，在常温下，无热源烘烤，无液体浸溅

B．无外力撞击和强烈振动

C．无严重瓦斯、蒸汽、烟气及其他有害介质影响

D．配电箱、开关箱应保证有足够的工作场地和通道，周围不应有杂物

109．保证变压器运行的安全措施有（ ）。

A．对室内安装的变压器，须是耐火建筑；变压器室的门应用不燃的材料制成，并且门应向外开

B．对于高压侧电压为 24 kV，变压器容量为 750 kVA 的变压室，室内应有蓄油坑

C．变压器的下方应设有通风墙，墙上方或屋顶应有排气孔，以利变压器散热良好

D．变压器室的门应随时上锁，并应在门上悬挂“高压危险”的警告牌

参考答案

一、判断题

1～9　× √ × √ √ × √ √ ×

10～19 √ √ √ √ √ √ × √ × √

20～29 √ √ √ √ √ √ √ × √ √

30～39 × × × √ √ × × × × √

40～49 × × × × √ √ √ × √ √

50～59 √ × √ × √ √ √ √ √ √

60～69 × √ × √ √ √ √ √ √ ×

二、单选题

1～10 BDCDDAAADB

11～20 ACBAABCABB

21～30 ADADBDBBCD

31～40 ABACDDDABC

41～50 BDBBCBBBAC

51～60 DBBDADDBAA

61～70 BDCADACBBC

71～79 ADBADDCCA

80～89 BBCBCBDACD

90～99 BCDACADDDA

100～109 ACDACBCAAD

110～119 ACDAAAABBD

120～129 BCACACBCDA

130～139 DDADBBBDAC

140～149 CBACADBBAD

150～159 BABAAACADB

160～169 DDBCBBBBCD

170～179 BCACABACCD

180～189 AAABDDCDAD

190～199 DCCCBADDDB

200～209 ABBCBDAABB

210～214 AADCC

三、多选题

1～10 ABCD　ABCD　ABCD　ABCD　ABCD　ABCD　ACD　AB　ABC　ABCD

11～20 AC　AB　ABCD　ABCD　ABCD　ABCD　ABCD　ABC　ABCD　ABCD

21～30 ABCD　ACD　ABCD　ABCD　ABCD　ABCD　ABCD　ABCD　ABCD　ABCD

31～40 ABCD　ABCD　ABCD　ABCD　ABCD　ABCD　AC　ABCD　ABCD　ABCD

41～50 ABC　ABCD　ABCD　ABD　ABCD　BCD　ABCD　ABCD　AB　BC

51～60 ABCD　ABD　ABCD　ABCD　ABC　ABCD　ABC　ACD　ABC　ABC

61～70 ABCD　ABD　ABCD　ACD　AC　ABD　ABCD　ABC　ABC　ABCD

71～80 ABCD　ABCD　ABC　AC　ACD　AB　ABCD　ABCD　ABD　BD

81～90 ABCD　ABCD　ABC　CD　ABD　BCD　ABCD　BCD　ABC　BCD

91～100 ACD　ABCD　ACD　ABCD　ACD　ABCD　ABCD　ABCD　ABCD　ABCD

101～109 ABCD　AC　ABD　ABCD　BCD　ABC　ACD　ABCD　ACD

参考文献

[1] 廖亚立. 建筑工程安全员培训教材[M]. 北京：中国建材工业出版社，2010.

[2] 建设部. 全国建筑施工安全生产形势分析报告（2004 年度）.

[3] 丁传波，黄吉欣，方东平. 我国建筑施工伤亡事故的致因分析和对策[J]. 土木工程学报，2004.

[4] 上海市建筑安全监督管理委员会. 建筑工程安全施工指南[M]. 北京：中国建材工业出版社，1999.

[5] 方东平，黄新宇，等. 建筑业安全事故经济损失研究[J]. 建筑经济，2000.

[6] 方东平，黄新宇，Jimmie Hinze. 工程建设安全管理[M]. 北京：中国水利水电出版社，2001.

[7] 罗云，程五一. 现代安全管理[M]. 北京：化学工业出版社，2004.

[8] 樊晶光，等. 职业安全健康管理体系对企业经济和社会效益影响研究[J]. 中国安全科学学报，2004.

[9] 毛海峰. 安全管理心理学[M]. 北京：化学工业出版社，2004.

[10] 王显政. 工伤保险与事故预防研究及实践[M]. 北京：中国劳动和社会保障出版社，2004.

[11] 张士廉，董勇，潘承仕. 建筑安全管理 [M]. 北京：中国建筑工业出版社，2005.